FORSCHUNGSBERICHTE DES LANDES NORDRHEIN-WESTFALEN

Nr. 1416

Herausgegeben
im Auftrage des Ministerpräsidenten Dr. Franz Meyers
von Staatssekretär Professor Dr. h. c. Dr. E. h. Leo Brandt

Prof. Dr.-Ing. Dr. h.c. Herwart Opitz
Dr.-Ing. Hans Gert Bech

*Laboratorium für Werkzeugmaschinen und Betriebslehre
der Rhein.-Westf. Techn. Hochschule Aachen
im Auftrage des Vereins Deutscher Gießereifachleute
Düsseldorf*

Bearbeitung von Leichtmetallen

Springer Fachmedien Wiesbaden GmbH

ISBN 978-3-663-06189-2   ISBN 978-3-663-07102-0 (eBook)
DOI 10.1007/978-3-663-07102-0
Verlags-Nr. 011416

© 1964 Springer Fachmedien Wiesbaden
Ursprünglich erschienen bei Westdeutscher Verlag, Köln und Opladen 1964.

Inhalt

1. Einleitung und Aufgabenstellung 7

2. Untersuchte Werkstoffe und Schneidstoffe 8
   2.1　Werkstoffe 8
   2.2　Schneidstoffe 12

3. Zerspanbarkeitsprüfung 13
   3.1　Der Bereich der anwendbaren Schnittbedingungen 13
   3.2　Langzeitverschleißversuche 17
   3.2.1 Das Standzeitkriterium 17
   3.2.2 Die Standzeitdiagramme 19
   3.2.3 Die Stundenschnittgeschwindigkeit als Kennwert für das Verschleißverhalten 25
   3.3　Die Schnittkräfte beim Drehen 27
   3.4　Die Spanbildung beim Drehen 32
   3.4.1 Untersuchungen an der Spanentstehungsstelle 33
   3.4.2 Ermittlung der entstehenden Spanformen 35

4. Zusammenfassung und Ausblick 38

1. Einleitung

Die technische Entwicklung brachte in den letzten Jahrzehnten auf dem Gebiet der Leichtmetall-Legierungen lebhafte Fortschritte. Mit der ständigen Verbesserung der Werkstoffeigenschaften der Leichtmetalle stiegen auch die Anwendungsmöglichkeiten, so daß heute Werkstücke aus Aluminium-Legierungen in der Massenfertigung spanend bearbeitet werden. Die Bearbeitungsschwierigkeiten, die besonders im Anfang bei der spanenden Formgebung auftraten, waren in der Unkenntnis der für die Leichtmetallzerspanung geeigneten Schnittbedingungen begründet. Die bei der Zerspanung der Eisenwerkstoffe üblichen Schnittbedingungen und Schnittwinkel der Werkzeuge ließen sich nur bedingt auf die Leichtmetall-Legierungen übertragen.

Es lag also zunächst das Problem vor, Richtwerte zu erarbeiten, welche die Fertigung qualitativ einwandfreier Werkstücke gestatteten. Dazu mußte der Entwicklungsstand der Werkzeugmaschinen und der Werkzeugstoffe berücksichtigt werden. Weiter wirkte die Vielzahl der auf dem Markt befindlichen Legierungstypen erschwerend auf die Ermittlung von exakten Bearbeitungsrichtlinien. Somit konnten nur allgemeine Angaben über die für die Zerspanung der Aluminiumlegierungen brauchbaren Bearbeitungsbedingungen gemacht werden. Als kennzeichnendes Merkmal zeigte sich jedoch bereits, daß bei der Zerspanung von Aluminium hohe Schnittgeschwindigkeiten und große Spanwinkel vorteilhaft sind.

Im Laufe der Entwicklung haben nun einige Leichtmetall-Legierungen ein so weites Anwendungsgebiet gefunden, daß die Ermittlung von Richtwerten für die Bearbeitung dieser Legierungen lohnend erscheint. Auch hinsichtlich der Werkzeuge liegen heute günstigere Verhältnisse vor, da hier die Entwicklung zu Standardsorten führte. Die hohen Drehzahlen moderner Werkzeugmaschinen gestatten außerdem in den meisten Fällen die Einstellung der für Leichtmetall-Legierungen erforderlichen Schnittgeschwindigkeiten. Somit sind heute bedeutend günstigere Voraussetzungen für die Ermittlung und die praktische Anwendung optimaler Schnittbedingungen gegeben.

Mit dem Begriff »optimale Schnittbedingungen« ist die Frage nach der Wirtschaftlichkeit der Fertigung verknüpft. Es genügt nicht, qualitativ einwandfreie Werkstücke herzustellen, sondern diese müssen mit möglichst geringen Kosten gefertigt werden. Unter diesem Gesichtspunkt ist der Zusammenhang der Werkzeugstandzeit mit den Schnittbedingungen von großer Bedeutung. Man ist folglich bemüht, für Werkzeug-Werkstoff-Paarungen, die in der Fertigung häufig vorkommen, Tabellen, Diagramme bzw. Nomogramme aufzustellen, aus denen sich Richtwerte für die optimalen Arbeitsbedingungen entnehmen lassen. Ziel dieser Arbeit ist es, für drei Aluminium-Gußlegierungen und eine Magnesium-Gußlegierung derartige Daten anzugeben.

2. Untersuchte Werkstoffe und Schneidstoffe

2.1 Werkstoffe

Für die Zerspanbarkeitsuntersuchungen standen folgende Gußlegierungen zur Verfügung:

        G – AlSi 10 Mg a
        G – AlSi 6 Cu 4
        G – AlMg 5
        GK – MgAl 9 Zn 1

Von den Aluminium-Legierungen lagen sowohl Kokillenguß- als auch Sandgußproben für Drehversuche vor. Von der Magnesium-Legierung wurden nur Kokillengußproben hergestellt. Die Abmessungen der als Hohlzylinder gegossenen Proben betrugen 165/115 mm ⌀ bei 300 mm Länge.

Wesentlich für die Ergebnisse der Zerspanbarkeitsprüfung und deren Reproduzierbarkeit in der Praxis ist das Gefüge der untersuchten Werkstoffe. Deshalb wurden zunächst metallographische Untersuchungen an den Zerspanungsproben durchgeführt, deren Ergebnisse im folgenden wiedergegeben werden. Das Makrogefüge zeigt bei dem Werkstoff GK – AlMg 5 als Folge der bei dieser Legierung üblichen Kornfeinung eine Korngröße durchschnittlich unter 1 mm ⌀. Ein größeres Makrokorn mit Randstengeln von 5 – 10 mm Länge besaßen die beiden Legierungen GK – AlSi 10 Mg a und GK – AlSi 6 Cu 4. Innerhalb der einzelnen Proben war bei allen Legierungen im Bereich von Gießtrichter und dem gegenüberliegenden Steiger der stehend gegossenen Proben eine Kornvergröberung zu beobachten.

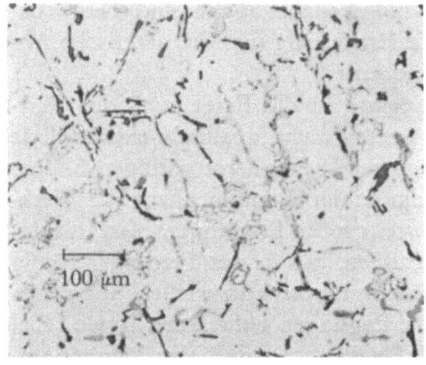 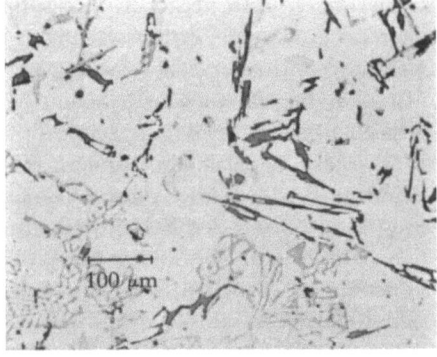

Abb. 1   Gefüge der Legierung G – AlSi 6 Cu 4 (ungeätzt)

Die Abb. 1–3 zeigen das Mikrogefüge, wie es in der Mitte der etwa 25 mm dicken Probenwand in halber Höhe der Proben und in gleichem Abstand von Gießtrichter und Steiger vorlag.

Die Gefügebilder der Legierung G – AlSi 6 Cu 4 (Abb. 1) lassen neben dem Aluminium-Mischkristall dunkelgraue Bestandteile erkennen, die als Siliziumkristalle anzusprechen sind. Die hellgrauen Gefügebestandteile bestehen aus einer intermetallischen Verbindung der Komponenten Al—Mn—Si—Fe.

Die Sandgußproben unterscheiden sich von den Kokillengußproben durch die Größe der Einlagerungen, die hier auf Grund der geringen Abkühlgeschwindigkeit gröber ausfielen.

Die gleiche Ursache ist vermutlich für den unterschiedlichen Veredlungsgrad der Kokillen- und Sandgußproben der Legierung G – AlSi 10 Mg a verantwortlich (Abb. 2). Das an den primär dendritisch ausgeschiedenen Aluminium-Mischkristallen angrenzende Eutektikum zeigt bei den Kokillengußproben ein wesentlich feineres Korn. Auch die Aluminiumdendriten haben, wie die Schliffbilder zeigen, bei den Kokillengußproben kleinere Abmessungen.

In den Gefügebildern der Legierung G – AlMg 5 (Abb. 3) sind die Ausscheidungen der Verbindung Mg_2Si als dunkle Figuration zu erkennen. Daneben tritt noch eine eisen-manganhaltige Verbindung auf. Sie erscheint in den Abbildungen

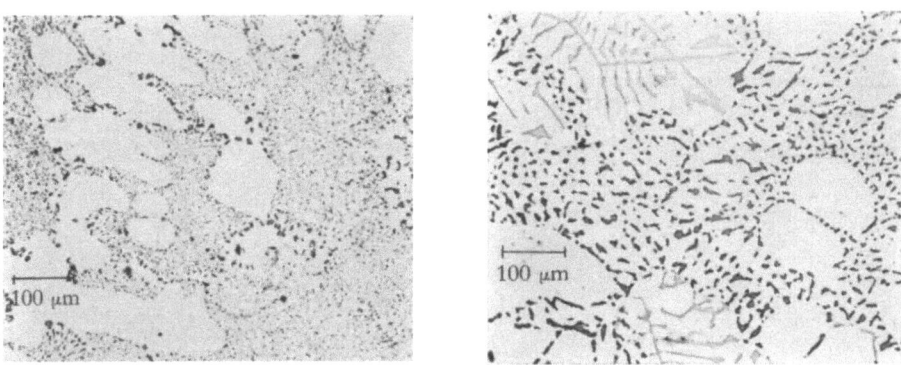

Abb. 2 Gefüge der Legierung G – AlSi 10 Mg a (ungeätzt)

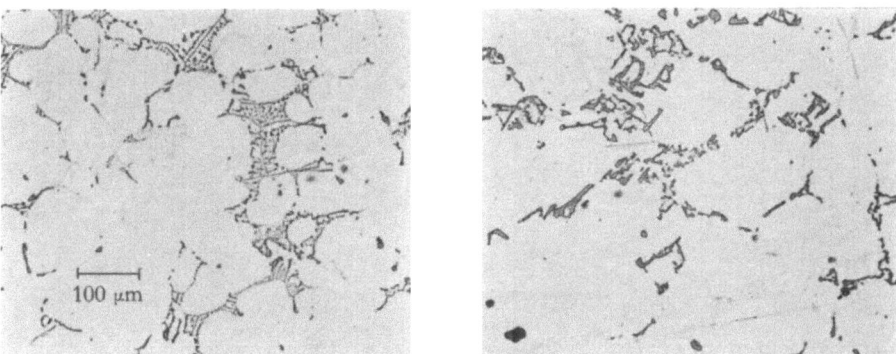

Abb. 3 Gefüge der Legierung G – AlMg 5 (ungeätzt)

hellgrau. Auch diese Abbildungen zeigen deutlich das gröbere Gefüge der Sandgußproben. Das Gefüge der Legierung GK – MgAl 9 Zn 1 ist mit gemessenen Korngrößen von 0,1 — 0,28 mm² als feinkörnig zu bezeichnen. Größere Körner wurden dabei ebenfalls im Bereich von Anguß und Steiger der Gießformen beobachtet. Das Mikrogefüge dieser Legierung zeigt Abb. 4. Außer dem Magnesium-Mischkristall ist hier die Verbindung Al_2Mg_3 als Einlagerung zu erkennen,

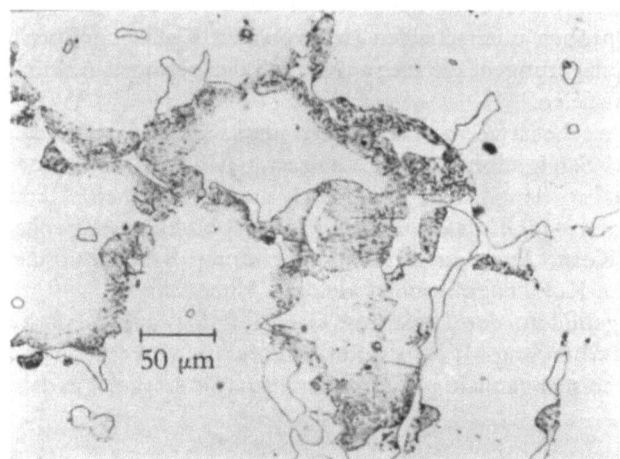

Abb. 4   Gefüge der Legierung GK – MgAl 9 Zn 1
        (Ätzung: CH_3COOH 5%)

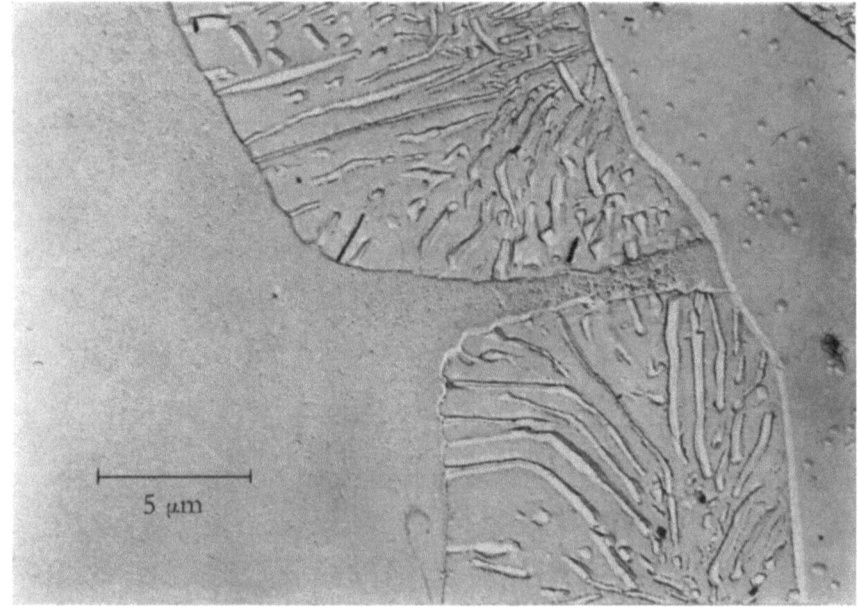

Abb. 5   Gefüge der Legierung GK – MgAl 9 Zn 1, elektronenmikroskopisch
        (Ätzung: CH_3COOH 5%)

die im Bild gegenüber dem Grundwerkstoff heller erscheint. Die schwarzen Gefügebestandteile enthalten gleichfalls Al_2Mg_3-Kristalle, die in dichtstreifigen Lamellen angeordnet sind. Da das Auflösungsvermögen des Lichtmikroskopes zur Sichtbarmachung dieser Lamellen nicht ausreicht, wird in Abb. 5 eine elektronenmikroskopische Aufnahme dieses Gefügebereiches gezeigt.
Neben dem Gefügeaufbau der untersuchten Leichtmetall-Gußlegierungen interessieren weiterhin deren technologische Eigenschaften. Die Festigkeits- und Verformungskennwerte wurden an Zerreißstäben ermittelt, die aus den Kokillenguß-Zerspanungsproben herausgearbeitet wurden.
Die in Tab. 1 angegebenen Werte stellen Mittelwerte aus 18 bis 21 Messungen je Legierung dar.
Die gemessenen Brinellhärten entsprachen bei den drei untersuchten Aluminium-Legierungen den Normwerten. Dagegen lag der Mittelwert der an 10 d-Proportionalstäben gemessenen Zugfestigkeiten zum Teil geringfügig, d. h. maximal 1 kp/mm², unter den in der Norm für gesondert gegossene Zugproben angegebenen Werten. Diese Werte unterschritten die für Gußwerkstücke vorgegebene Mindestfestigkeit jedoch nicht. Einschränkend muß gesagt werden, daß diese Angaben nur für Proben gelten, die vor dem Bruch 0,2% bleibende Dehnung

Tab. 1 Technologische Eigenschaften der untersuchten Leichtmetallgußlegierungen

	$\sigma_{0,2}$ [kp/mm²]	σ_B [kp/mm²]	δ_{10}	δ_5	$HB_{5/250/30}$ [kp/mm²]
Meßwerte G–AlSi 10 Mg a	21,5	25,0	1,86		95,0
Normwerte	20 ·/. 28* (18)**	24 ·/. 32 (22)		1 ·/. 4 (1)	85 ·/. 115 (80)
Meßwerte G–AlSi 6 Cu 4	15,5	17,0	1,00		93,5
Normwerte	11 ·/. 16 (10)	17 ·/. 22 (15)		1 ·/. 3 (0,5)	70 ·/. 100 (65)
Meßwerte G–AlMg 5	12,0	16,0	2,04		71,0
Normwerte	9 ·/. 10 (9)	17 ·/. 25 (14)		3 ·/. 8 (1)	60 ·/. 80 (55)
Meßwerte GK–MgAl 9 Zn 1	9,0	13,0		1,0	60,0
Normwerte	11 ·/. 13 (9)	16 ·/. 22 (12)		2 ·/. 5 (1)	55 ·/. 70

* Gesondert abgegossene Proben.
** Mindestwerte im Gußwerkstück.

erreichten. Wegen der Gasporösigkeit insbesondere bei Proben der Legierungen GK – AlSi 6 Cu 4 und GK – AlSi 10 Mg a konnten diese Werte nicht immer erreicht werden. Die Bestimmung der Festigkeit von Proben aus der Legierung GK – MgAl 9 Zn 1 erfolgte in ähnlicher Weise wie bei den Aluminium-Legierungen. Die Zerspanungsproben ergaben auch hier Werte, die mit denen in der Norm für Gußwerkstücke mit 25 mm Wandstärke vorgeschriebenen übereinstimmten. Ausreißer infolge Fehlstellen im Probestab wurden nur in einem von neun Fällen festgestellt.

2.2 Schneidstoffe

Zerspanbarkeitsrichtwerte beziehen sich immer auf eine bestimmte Werkstoff-Schneidstoff-Paarung. (Mit Werkstoff sei im folgenden kurz das Material der Zerspanungsproben bezeichnet; mit Schneidstoff der Werkstoff der Werkzeugschneide.) Um den Anwendungsbereich der Richtwerte möglichst groß zu wählen, ist es sinnvoll, zunächst die in der Praxis empfohlenen Schneidstoffe für die Zerspanbarkeitsuntersuchungen zu verwenden. Gegenüber Schneidstoffen aus Werkzeug- oder Schnellarbeitsstahl haben die Hartmetalle eine größere Schneidhaltigkeit. Sie gestatten die Anwendung höherer Schnittgeschwindigkeiten und somit in den meisten Fällen die Einstellung der wirtschaftlichsten Bearbeitungsbedingungen. In der Praxis der Leichtmetallzerspanung haben sich Sorten der Zerspanungsanwendungsgruppen K gut bewährt und für die Aluminiumlegierungen mit niedrigem bis mittlerem Si-Gehalt insbesondere die Sorte K 10. Diese Sorte enthält etwa 92% WC, 2% TiC und TaC sowie 6% Co. Gegenüber den Sorten der Zerspanungsanwendungsgruppen P mit höherem TiC-Gehalt ist hier eine geringe Neigung zu Verklebungen mit dem Werkstoff von Vorteil. Für die Richtwertuntersuchungen wurden deshalb Hartmetalle der Zerspanungsanwendungsgruppe K 10 verwendet. Die Versuchswerkzeuge stammten bei den Langzeit-Verschleißversuchen aus einer Herstellungscharge. Schwankungen in der Schneidhaltigkeit der einzelnen Werkzeuge wurden dadurch weitgehend ausgeschaltet.

3. Zerspanbarkeitsprüfung

Mit dem Begriff Zerspanbarkeit eines Werkstoffes umfaßt man dessen Eigenschaften, die eine Bearbeitung durch spanende Verfahren bestimmen. Dabei sind neben der Forderung nach einem in Form, Maß und Oberfläche einwandfreien Werkstück die folgenden Hauptfaktoren zu berücksichtigen:

a) Die auf die Zerspanungswerkzeuge ausgeübte Verschleißwirkung,
b) die zur Spanabnahme erforderliche Schnittkraft,
c) die entstehende Spanform und
d) die erzeugte Oberflächengüte.

3.1 Der Bereich der anwendbaren Schnittbedingungen

Zu Beginn der Zerspanbarkeitsuntersuchungen soll deshalb untersucht werden, welche Voraussetzungen für die einwandfreie Bearbeitung eines Werkstückes erfüllt sein müssen. In diesem Zusammenhang wurde eingangs bereits der Einfluß der Schnittbedingungen auf das Arbeitsergebnis erwähnt.
Untersuchungen des Zerspanungsvorganges haben gezeigt, daß in bestimmten Schnittgeschwindigkeitsbereichen die Werkzeugschneide durch anhaftenden Werkstoff ihre Schneideigenschaften weitgehend einbüßt, so daß eine einwandfreie Bearbeitung der Werkstücke nicht mehr möglich ist. Nach Lage, Form und Entstehung dieser an der Schneide haftenden Werkstoffpartikel unterscheidet man die Aufbauschneide und den Scheinspan.
Die spanende Bearbeitung der Aluminium-Legierungen führt bei der Anwendung niedriger Schnittgeschwindigkeiten zur Bildung von Aufbauschneiden. Diese entstehen aus Werkstoffteilchen, welche fest an der Spanfläche des Werkzeuges haften. Es staut sich ein Keil aus stark verformtem und verfestigtem Werkstückmaterial auf, welcher die Aufgabe der Schneidkante übernimmt. Die Form dieses Werkstoffkeiles, d. h. der Aufbauschneide ändert sich ständig durch Abwandern bzw. durch erneuten Aufstau von Werkstoff. Da somit keine definierte Schneide vorhanden ist, erhält die bearbeitete Oberfläche entsprechend große Rauheiten, sowie Maß- und Formfehler.
In Abb. 6a und b sind metallographische Schliffe von Spanentstehungsstellen gezeigt. Diese Bilder veranschaulichen die Zerspanung von Aluminiumlegierungen mit und ohne Aufbauschneidenbildung. Während bei der höheren Schnittgeschwindigkeit und fehlender Aufbauschneide der Span bis zur Schneidkante des Werkzeuges an der Spanfläche anliegt (Abb. 6a), übernimmt bei der niedrigeren Schnittgeschwindigkeit (Abb. 6b) die Aufbauschneide die Funktion des

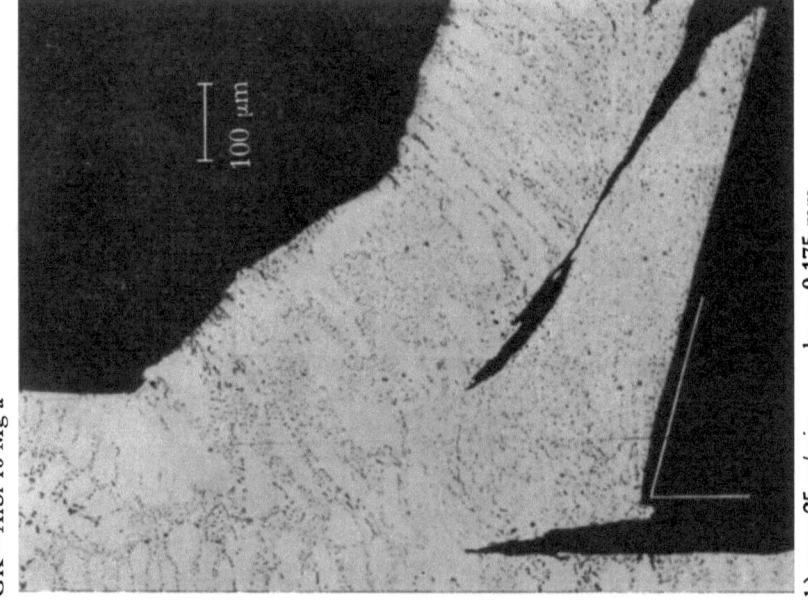

Abb. 6 Spanentstehungsstellen beim Drehen der Aluminium-Gußlegierung GK – AlSi 10 Mg a

a) $v = 1000$ m/min $h_1 = 0{,}175$ mm

b) $v = 25$ m/min $h_1 = 0{,}175$ mm

Abb. 7 Spanentstehungsstellen beim Drehen der Magnesiumlegierung   GK – MgAl 9 Zn 1

a) $v = 750$ m/min $h_1 = 0,175$ mm

b) $v = 25$ m/min $h_1 = 0,175$ mm

Schneidkeiles. Deutlich ist an der Spanunterseite ein von der Aufbauschneide abgewanderter Werkstoffbestandteil zu erkennen. Ähnliche Werkstoffpartikel verbleiben an der Schnittfläche und der Werkstückoberfläche und führen dort zu den angeführten Oberflächenfehlern.

Die in Abb. 7a und b abgebildeten Querschliffe von Spanentstehungsstellen der Legierung GK – MgAl 9 Zn 1 lassen zunächst erkennen, daß im Gegensatz zur Fließspanbildung bei der Aluminiumlegierung GK – AlSi 10 Mg a (Abb. 6a und b) hier Scherspäne entstehen. Die einzelnen Lamellen des Scherspanes besitzen nur geringen Zusammenhang. Erfahrungsgemäß schließt die Scherspanbildung die Entstehung von Aufbauschneiden aus. So sind auch in Abb. 7a selbst bei der geringen Schnittgeschwindigkeit von v = 25 m/min keine Aufbauschneiden zu beobachten. Vom Gesichtspunkt der Aufbauschneidenbildung entstehen folglich bei der untersuchten Magnesium-Legierung im Gegensatz zu den Aluminium-Legierungen keine Nachteile bei der Bearbeitung mit niedrigen Schnittgeschwindigkeiten. Begrenzt die Aufbauschneidenbildung die anwendbaren Schnittgeschwindigkeiten nach unten, so wird die obere Schnittgeschwindigkeit hauptsächlich durch die sogenannte Scheinspanbildung festgelegt. Sehr hohe Schnittgeschwindigkeiten führen zu hohen Temperaturen in der Kontaktfläche zwischen Werkstoff und Schneidstoff. Diese Temperaturen können so weit ansteigen, daß der Werkstoff an den Reibstellen mit dem Werkzeug in dünnen Schichten in einen teigigen Zustand übergeht. Der Schnittdruck und die Relativbewegung zwischen Werkstück bzw. Span und Schneide drücken dieses Material aus den Berührungszonen heraus. Unmittelbar hinter den Kontaktzonen erstarrt dieses Material zu einem langsam wachsenden spanähnlichen Gebilde, welches fest am Werkzeug haftet. Dieser sogenannte Scheinspan entsteht vorwiegend an der Freifläche des Werkzeuges. Da der Scheinspan und das Werkstück sich berühren, entsteht neben der beim Abtrennen des Spanes erzeugten Wärme zusätzlich Reibungswärme. Das führt zu einer unzulässigen Erwärmung des Werkstückes. Hinzu kommt noch, daß durch die Reibung des Scheinspanes am Werkstück die Oberflächengüte stark verschlechtert wird. Mit Beginn der Scheinspanbildung ist also eine einwandfreie Bearbeitung der Werkstücke nicht mehr möglich. Abb. 8 zeigt ein typisches Beispiel eines Scheinspanes, der sowohl bei den untersuchten Aluminium-Gußlegierungen als auch bei der Magnesium-Gußlegierung auftreten kann.

Exakte Angaben über die untere Grenzschnittgeschwindigkeit, die bei der Aluminiumbearbeitung zu nachteiligen Auswirkungen durch Aufbauschneiden führt, sowie über die obere Grenzschnittgeschwindigkeit, bezogen auf die Scheinspanbildung, sind erst nach systematischer Untersuchung dieser Probleme möglich. Nach den bisher durchgeführten Stichversuchen liegt die untere Grenzschnittgeschwindigkeit für die Aufbauschneide bei den Aluminium-Legierungen im Bereich von v = 40 — 90 m/min.

Die zur Scheinspanbildung führende Schnittgeschwindigkeit hängt von den Werkstoffeigenschaften und dem bereits am Werkzeug vorhandenen Verschleiß ab. Hierauf wird im folgenden noch eingegangen.

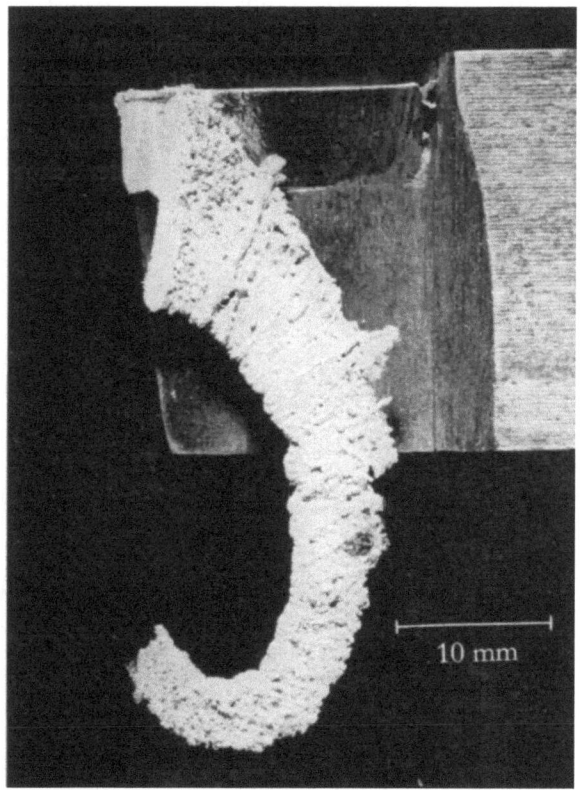

Abb. 8 Scheinspanbildung beim Drehen von Leichtmetall-Gußlegierungen

3.2 Langzeitverschleißversuche

Ziel der Langzeitverschleißversuche war die Ermittlung der Werkzeugstandzeit in Abhängigkeit von den Schnittbedingungen. Die Versuchsbedingungen wurden dabei möglichst nahe den in der Fertigung herrschenden Bedingungen angeglichen.

3.2.1 Das Standzeitkriterium

Vor Beginn serienmäßiger Standzeitversuche muß das Standzeitkriterium eindeutig bestimmt sein. Je nach Bearbeitungsaufgabe können verschiedene Gesichtspunkte für das Standzeitende maßgebend sein. Die wichtigste Ursache ist meist der Werkzeugverschleiß, der entweder die Bearbeitungsgüte beeinträchtigt oder aus wirtschaftlichen Gründen einen Wiederanschliff des Werkzeuges erfordert. Der Werkzeugverschleiß wurde in Abhängigkeit von der Schnittzeit vor Beginn der eigentlichen Standzeitversuche genau untersucht. Dabei interessierte insbesondere die Lage und die Form der am Werkzeug entstehenden

Verschleißflächen. In Abb. 9 ist das Profil der Werkzeugschneide nach verschiedenen Drehzeiten an Hand von Tastschnittaufnahmen dargestellt. In diesem Fall wurde der Werkstoff GK – AlSi 6 Cu 4 mit Hartmetallwerkzeugen der Zerspanungsanwendungsgruppe K 10 bearbeitet. Die Zerspanung der übrigen Aluminium-Legierungen sowie der untersuchten Magnesiumlegierung ergab die gleichen charakteristischen Verschleißerscheinungen an der Schneide.

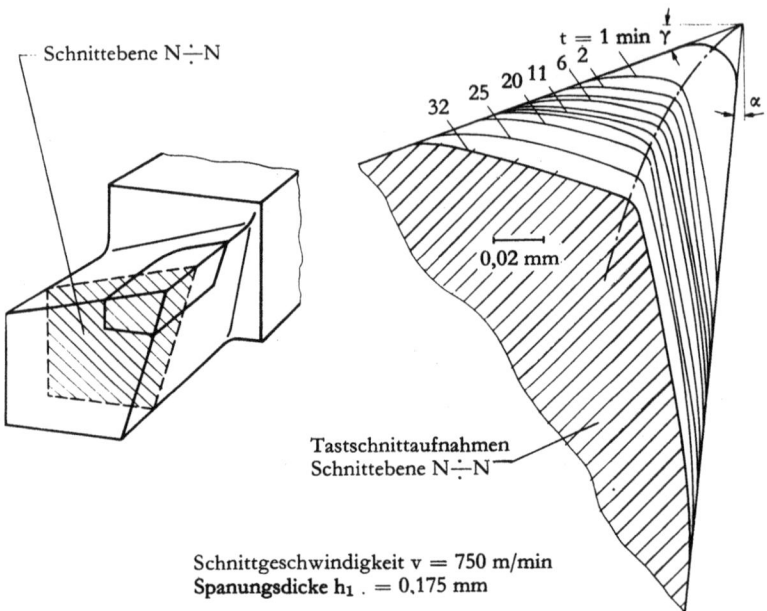

Abb. 9 Profil der Werkzeugschneide im Verschleißzustand

Im scharf geschliffenen Zustand hatte die Schneidkante schon einen Abrundungsradius von etwa 15 μm. Davon ausgehend nahm der Schneidkeil über die eingezeichneten Zwischenzustände schließlich die für 32 min Schnittzeit eingezeichnete Form an. Die Schneidkante verlagerte sich dabei entlang der strichpunktiert gezeichneten Linie nach rückwärts. Wichtig ist die Feststellung, daß die den Freiflächenverschleiß bildende Fläche, die sogenannte Verschleißmarke, gegen die Richtung der Schnittbewegung um etwa 15° geneigt ist. Die Trennzone zwischen dem als Span abfließenden Werkstoff und dem unter der Schnittfläche verbleibenden Werkstoff befindet sich an der momentanen Schneidkante. Das hat zur Folge, daß der Werkstoff bei der weiteren Relativbewegung zwischen Werkzeug und Werkstück an der Schnittfläche stark verformt wird. Die dabei entstehende Wärme fördert mit steigender Verschleißmarkenbreite die Entstehung teigiger Werkstoffschichten in den Kontaktzonen, so daß sich in der bereits früher beschriebenen Weise hinter den Kontaktflächen des Werkzeuges Scheinspäne aufbauen können. In diesem Zustand ist die Standzeit des Werkzeuges beendet. Im allgemeinen sind die angewendeten Schnittgeschwindigkeiten jedoch so niedrig, daß vor der Entstehung eines Scheinspanes die Standzeit beendet wird, weil die Größe des Verschleißes aus wirtschaftlichen Gründen einen Wiederanschliff erforderlich macht.

Stichversuche aus allen anderen untersuchten Legierungen ergaben gleiche Zusammenhänge.

Die Veränderung der Spanfläche durch den Verschleiß trägt ebenfalls zur Verschlechterung der Schneideigenschaften des Werkzeuges bei. Der Verschleiß ruft hier eine Verringerung des wirksamen Spanwinkels hervor, der sogar zu negativen Werten führen kann. Die Spanbildung wird dadurch ungünstiger, und die Temperaturen in der Spanentstehungsstelle erhöhen sich. Diese Vorgänge beeinflussen die Bearbeitungsgüte jedoch in geringerem Maße als die Verschleißmarke, so daß die Bestimmung der Werkzeugstandzeit nach Maßgabe der Verschleißmarkenbreite B sinnvoll erschien. Als Kriterium für das Standzeitende wurde eine Verschleißmarkenbreite B = 0,2 mm gewählt.

3.2.2 Standzeitdiagramme

Bei den Langzeitverschleißversuchen zur Ermittlung von Standzeitkurven wurde zunächst die Zunahme des Werkzeugverschleißes bei konstanten Schnittbedingungen in Abhängigkeit von der Schnittzeit ermittelt. Dann wurde in mehreren Versuchsreihen die Schnittgeschwindigkeit als die den Werkzeugverschleiß am stärksten beeinflussende Größe verändert. Das Ergebnis einer solchen Versuchsreihe zeigt das linke Diagramm in Abb. 10 am Beispiel des Werkstoffes GK – AlSi 10 Mg a. Die nach verschiedenen Schnittzeiten gemessenen Verschleißwerte ordnen sich bei der gewählten logarithmischen Teilung der Ordinaten auf Geraden ein, und zwar ergeben sich bei verschiedenen Schnittgeschwindigkeiten parallel zueinander liegende Geraden. Dabei zeigt das Werkzeug bei höheren Schnittgeschwindigkeiten nach gleichen Schnittzeiten größere Verschleißwerte.

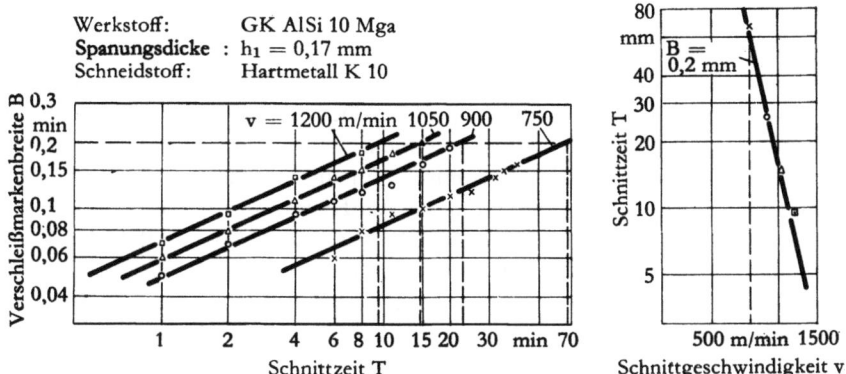

Abb. 10 Verlauf der Verschleiß- und Standzeitkurven beim Drehen von Aluminium-Gußlegierungen

Dieses Ergebnis entspricht den bekannten bei der Zerspanung von Stahl experimentell gefundenen Gesetzmäßigkeiten.

Der Verlauf einer solchen Verschleißkurve läßt sich mathematisch folgendermaßen formulieren:

$$B = C \cdot T^n \quad [1] \tag{1}$$

C und n sind Konstanten, die im wesentlichen von der Werkstoff-Schneidstoff-Paarung abhängen.

Entnimmt man diesem Diagramm die bei den verschiedenen Schnittgeschwindigkeiten erreichten Werkzeugstandzeiten, und trägt diese in einem zweiten Diagramm über der Schnittgeschwindigkeit auf, so erhält man das in Abb. 10 rechts dargestellte Standzeitdiagramm. Hieraus läßt sich für jede Schnittgeschwindigkeit die zugehörige Standzeit entnehmen.

Im weiteren Verlauf der Untersuchungen wurden einzelne Versuche unter gleichen Bedingungen wiederholt. Dabei zeigten sich Streuungen der Standzeitergebnisse, als deren Ursache Unregelmäßigkeiten im Werkstoff, wie Lunker und Fremdstoffeinschlüsse anzusehen sind. Diese Streuungen beeinflußten das Ergebnis der Standzeituntersuchungen erheblich.

Der Versuchsplan sah unter anderem die Erfassung der unterschiedlichen Zerspanbarkeit des sich von außen nach innen ändernden Gefüges der Zerspanungsproben vor; denn die metallographische Untersuchung der Versuchswerkstoffe hatte gezeigt, daß die Legierungen GK – AlSi 6 Cu 4 und GK – AlSi 10 Mg a unterhalb der Gußhaut eine aus Stengelkristallen bestehende Zone besaßen. Da erfahrungsgemäß auch die Gußhaut gegenüber dem übrigen Werkstoff besondere Zerspanbarkeitseigenschaften besitzt, war die Aufteilung des Probenquerschnittes in drei Zonen vorgesehen:

1. Gußhaut,
2. Randzone,
3. Kernzone.

Es sollte versucht werden, für diese drei Zonen getrennte Standzeitkurven aufzustellen.

Ein weiteres Ziel war die Ermittlung des Einflusses der Vorschubgröße und damit der Spanungsdicke auf die Standzeit. Die Ergebnisse der Versuche ließen jedoch weder den Einfluß der verschiedenen Probenzonen noch den der Spanungsdicke auf die Werkzeugstandzeit eindeutig erkennen.

Die Abb. 11 enthält die Standzeitdiagramme für die Kokillengußproben der drei untersuchten Aluminium-Gußlegierungen. Als Kriterium für das Standzeitende wurde bei den Legierungen GK – AlSi 10 Mg a und GK – AlSi 6 Cu 4 eine Verschleißmarkenbreite von B = 0,2 mm angenommen. Bei der Legierung GK – AlMg 5 konnte wegen ihrer sehr guten Zerspanbarkeit nur eine Verschleißmarkenbreite von B = 0,1 mm erreicht werden. Zudem ließ der große Materialverbrauch nur die Ermittlung von wenigen Standzeitwerten zu.

[1] WEBER, G., Die Beziehung zwischen Spanentstehung, Verschleißformen und Zerspanbarkeit beim Drehen von Stahl. Dissertation, TH Aachen 1954.

Betrachtet man die Standzeitergebnisse bei der Legierung GK – AlSi 10 Mg a im 1. Diagramm von Abb. 11, so scheint dort die Zerspanbarkeit in Abhängigkeit von Probenzone und Spanungsdicke in folgender Reihenfolge abzunehmen: Die längsten Standzeiten ergaben sich im Kernwerkstoff bei einer Spanungsdicke von $h_1 = 0{,}175$ mm. Dann folgt die Randzone bei $h_1 = 0{,}346$ mm und schließlich etwa gleichwertig mit der Gußhaut die Randzone bei $h_1 = 0{,}175$ mm. Die schlechteste Zerspanbarkeit scheint die Kernzone bei Anwendung einer Spanungsdicke von $h_1 = 0{,}346$ mm zu besitzen.

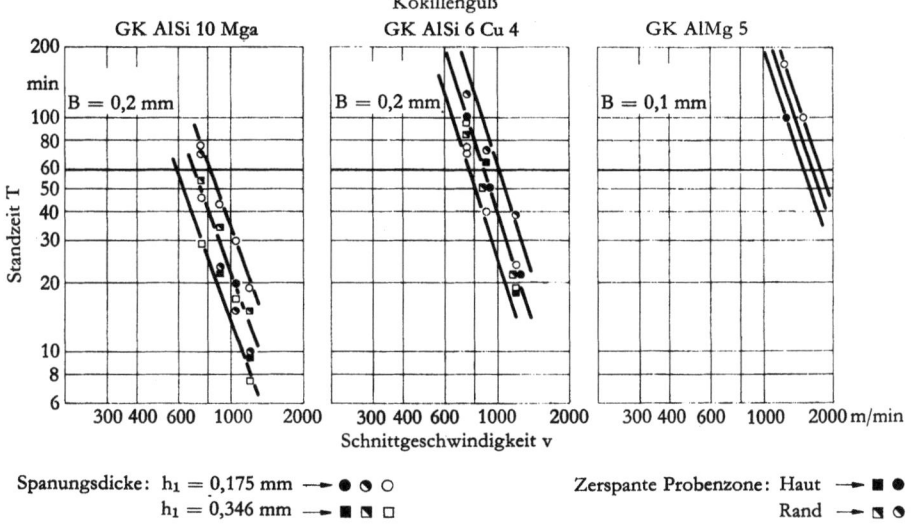

Abb. 11 Standzeitdiagramme für das Drehen von Aluminium-Kokillengußlegierungen

Das würde bedeuten, daß innerhalb eines Werkstoffes in verschiedenen Probenzonen die Veränderung der Spanungsdicke in der einen Zone eine Standzeitverbesserung und in der anderen eine Standzeitverschlechterung bewirken würde. Betrachtet man dagegen die im 2. Diagramm für GK – AlSi 6 Cu 4 aufgezeichneten Standzeitergebnisse, so ist hier in den Gefügezonen Kern und Rand bei Anwendung der Spanungsdicke $h_1 = 0{,}175$ mm eine Umkehrung der für den Werkstoff GK – AlSi 10 Mg a ermittelten Zerspanbarkeitsrangfolge festzustellen. Man kann deshalb die Standzeitergebnisse, die beim Drehen der Kokillengußlegierungen in den Gefügebereichen Gußhaut, Randzone und Kernzone im Bereich der untersuchten Spanungsdicken $h_1 = 0{,}175 - 0{,}346$ mm erzielt wurden, keiner dieser Einflußgrößen mit Sicherheit zuordnen.

Deutlich wird lediglich der Einfluß der Schnittgeschwindigkeit. Faßt man unabhängig von Probenzone und Spanungsdicke sämtliche Standzeitwerte zusammen und schreibt die bei gleicher Schnittgeschwindigkeit erzielten unterschiedlichen Standzeitwerte den jeweils zufällig wechselnden Werkstoffeigenschaften zu, so ergibt sich ein Streuband. Dieses Streuband läßt sich durch eine mittlere Standzeitgerade auswerten, welche den Einfluß der Schnittgeschwindigkeit auf den Werkzeugverschleiß beschreibt. Mit Hilfe zweier zur Standzeitkurve paralleler Geraden, die alle vorkommenden Standzeitwerte einschließen, wurde die weitere Auswertung der Versuchsergebnisse vorgenommen. Die bei der Zerspanung der Sandgußproben erhaltenen Versuchsergebnisse wurden in gleicher Weise aufgezeichnet und ausgewertet (Abb. 12), doch wurde hier auf eine gesonderte Er-

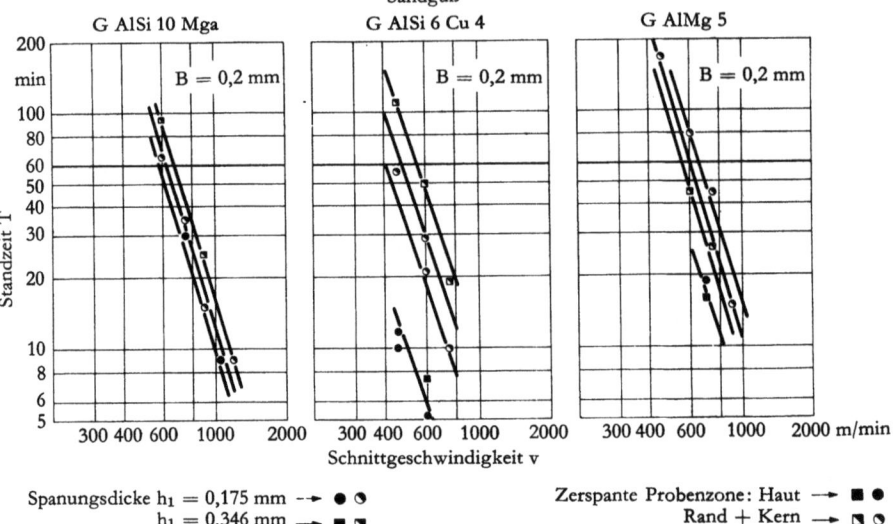

Abb. 12   Standzeitdiagramm für das Drehen von Aluminium-Sandgußlegierungen

fassung der Randzone verzichtet. Lediglich die Gußhaut ist durch eine Kennzeichnung in den Diagrammen berücksichtigt. In den folgenden Betrachtungen sollen die mittleren Standzeitgeraden repräsentativ für die Verschleißwirkung der untersuchten Werkstoffe auf Hartmetallwerkzeuge gelten. Standzeitgeraden in doppeltlogarithmischer Darstellung lassen sich durch folgende Gleichung beschreiben:

$$T = C_v \cdot v^K \tag{2}$$

Die gleiche Beziehung lautet in anderer Schreibweise:

$$v = C_T \cdot T^{\frac{1}{K}} \tag{2a}$$

In diesen Gleichungen bedeuten:

T = Standzeit bzw. Schnittzeit
v = Schnittgeschwindigkeit
C_v = Konstante (Standzeit bei der Schnittgeschwindigkeit $v = 1$ m/min)
C_T = Konstante (Schnittgeschwindigkeit bei der Standzeit $T = 1$ min)
K = Anstieg der Standzeitgeraden

Tab. 2 Zahlenwerte der Konstanten in den Gleichungen der Standzeitkurve

Werkstoff \ Konstanten	Anstiegsfaktor der Standzeitgeraden K	Konstante C_v (Standzeit bei $v = 1$ m/min)	Konstante C_T (Schnittgeschwindigkeit für $T = 1$ min)
		Kokillenguß	
GK – AlSi 10 Mg a	−3,08	$3{,}48 \cdot 10^{10}$	$2{,}67 \cdot 10^3$
GK – AlSi 6 Cu 4	−3,08	$7{,}54 \cdot 10^{10}$	$3{,}45 \cdot 10^3$
GK – AlMg 5	−3,08	$44{,}4 \cdot 10^{10}$	$6{,}1 \cdot 10^3$
		Sandguß	
G – AlSi 10 Mg a	−3,08	$2{,}52 \cdot 10^{10}$	$2{,}35 \cdot 10^3$
G – AlSi 6 Cu 4	−3,08	$1{,}075 \cdot 10^{10}$	$1{,}79 \cdot 10^3$
G – AlMg 5	−3,08	$2{,}16 \cdot 10^{10}$	$2{,}29 \cdot 10^3$

Die beiden Konstanten C_v und C_T sind dabei durch die Beziehung

$$C_v = C_T^{-K}$$

miteinander verknüpft.

Die Bestimmung der Konstanten K, C_v und C_T geschieht mit Hilfe der experimentell ermittelten Standzeitgeraden. Dem Exponenten K entspricht der Anstiegsfaktor der Standzeitgeraden. Der konstante Faktor C_v ergibt sich rechnerisch als Standzeit bei der Schnittgeschwindigkeit $v = 1$ m/min. Ebenso ergibt sich C_T als Schnittgeschwindigkeit bei der Standzeit $T = 1$ min. Die Tab. 2 enthält die Zahlenwerte der Konstanten für alle untersuchten Werkstoffe.

Da die Standzeitgeraden der untersuchten Aluminium-Gußlegierungen nahezu parallel sind, wurde für alle Werkstoffe der Exponent K gleichgesetzt. Diese Vereinfachung ergibt in guter Näherung sowohl das Verhältnis der Standzeiten zweier Werkstoffe, die mit gleicher Schnittgeschwindigkeit bearbeitet werden, als auch das Verhältnis der Schnittgeschwindigkeiten, die bei der Bearbeitung zweier Werkstoffe gleiche Standzeiten ergeben:

$$\frac{T_n}{T_m} = \frac{C_{vn}}{C_{vm}} = \frac{\text{Standzeit bei der Bearbeitung des Werkstoffes n}}{\text{Standzeit bei der Bearbeitung des Werkstoffes m}}; \quad v = \text{const} \quad (3a)$$

$$\frac{v_n}{v_m} = \frac{C_{Tn}}{C_{Tm}} = \frac{\text{Schnittgeschwindigkeit bei der Bearbeitung des Werkstoffes n}}{\text{Schnittgeschwindigkeit bei der Bearbeitung des Werkstoffes m}}$$

$$T = \text{const} \quad (3b)$$

In der Tab. 3 und 4 sind die Zahlen der relativen Bearbeitbarkeit für alle untersuchten Aluminium-Gußlegierungen aufgetragen.

Die Tab. 3 zeigt, daß bei der Bearbeitung verschiedener Aluminium-Gußlegierungen bei Anwendung gleicher Schnittgeschwindigkeit erhebliche Standzeitunterschiede auftreten können. So hat die Standzeit der am besten zerspanbaren Kokillengußlegierung GK – AlMg 5 gegenüber der Kokillengußlegierung mit

Tab. 3 Standzeitverhältnis des Werkstoffes n zum Werkstoff m bei gleicher Schnittgeschwindigkeit

Werkstoff n / Werkstoff m	GK – AlSi 10 Mg a	GK – AlSi 6 Cu 4	GK – AlMg 5	G – AlSi 10 Mg a	G – AlSi 6 Cu 4	G – AlMg 5
GK – AlSi 10 Mg a	1	2,16	12,75	0,75	0,31	0,62
GK – AlSi 6 Cu 4	0,46	1	5,90	0,35	0,14	0,29
GK – AlMg 5	0,08	0,17	1	0,055	0,02	0,05
G – AlSi 10 Mg a	1,38	2,00	17,6	1	0,43	0,86
G – AlSi 6 Cu 4	3,24	7,00	41,3	2,34	1	2,00
G – AlMg 5	1,61	3,49	20,55	1,17	0,50	1

Tab. 4 Schnittgeschwindigkeitsverhältnis des Werkstoffes n zum Werkstoff m bei gleicher Standzeit

Werkstoff n / Werkstoff m	GK – AlSi 10 Mg a	GK – AlSi 6 Cu 4	GK – AlMg 5	G – AlSi 10 Mg a	G – AlSi 6 Cu 4	G – AlMg 5
GK – AlSi 10 Mg a	1	1,29	2,29	0,88	0,67	0,86
GK – AlSi 6 Cu 4	0,85	1	1,77	0,68	0,52	0,66
GK – AlMg 5	0,44	0,57	1	0,38	0,29	0,37
G – AlSi 10 Mg a	1,14	1,47	2,60	1	0,76	0,98
G – AlSi 6 Cu 4	1,49	1,93	3,42	1,31	1	1,28
G – AlMg 5	1,16	1,50	2,66	1,02	0,78	1

der schlechtesten Bearbeitbarkeit GK – AlSi 10 Mg a etwa den 13fachen Wert. Gegenüber der Sandgußlegierung schlechtester Bearbeitbarkeit G – AlSi 6 Cu 4 beträgt die Standzeit sogar das 41fache. Innerhalb der Sandgußlegierungen schwanken die Standzeiten weniger. Die Legierung bester Bearbeitbarkeit G – AlSi 10 Mg a läßt sich bei gleicher Schnittgeschwindigkeit mit etwa doppelter Standzeit wie die Legierung G – AlSi 6 Cu 4 bearbeiten.

In der Praxis ist die Kenntnis der Schnittgeschwindigkeiten, die bei den verschiedenen Werkstoffen gleiche Standzeiten ergeben, wichtig. Auch hier zeigen die in Tab. 4 aufgeführten Werte beträchtliche Unterschiede in der relativen Bearbeitbarkeit. Innerhalb der Kokillen-Gußlegierungen beträgt das größte Schnittgeschwindigkeitsverhältnis etwa 2,2, während beim Vergleich der Kokillen- und Sandgußlegierungen die maximale Größe des Verhältnisses 3,4 beträgt. Innerhalb der Sandgußlegierungen tritt ein Verhältnis der Schnittgeschwindigkeiten gleicher Standzeiten von maximal 1,3 auf. Diese Bearbeitbarkeitsunterschiede einzelner Aluminium-Gußlegierungen zeigen, wie wichtig die Ermittlung von Zerspanungsrichtwerten ist.

3.2.3 Die Stundenschnittgeschwindigkeit als Kennwert für das Verschleißverhalten

In der Praxis findet bei Festlegung der Schnittbedingungen unter dem Gesichtspunkt des Verschleißes häufig die Stundenschnittgeschwindigkeit v_{60} Verwendung. Bei dieser Schnittgeschwindigkeit beträgt die Werkzeugstandzeit 60 min. Die folgende Aufstellung (Tab. 5) enthält die den Standzeitkurven (Abb. 11 und 12) entnommenen Werte der Stundenschnittgeschwindigkeiten für die untersuchten Aluminium-Werkstoffe. Mögliche Schwankungen sind unter Berücksichtigung der Variationsbreite der Versuchswerte angegeben:

Tab. 5 Stundenschnittgeschwindigkeit v_{60} für das Drehen von Aluminium-Gußlegierungen

Werkstoff	Stundenschnittgeschwindigkeit v_{60} in m/min
GK – AlSi 10 Mg a	600 < 700 < 800
GK – AlSi 6 Cu 4	760 < 900 < 1050
GK – AlMg 5	1500 < 1600 < 1700
G – AlSi 10 Mg a	580 < 630 < 700
G – AlSi 6 Cu 4	400 < 480 < 560
G – AlMg 5	550 < 600 < 660

Man erkennt, daß die anwendbaren Schnittgeschwindigkeiten sehr hoch liegen. Selbst die Legierung G – Al Si 6 Cu 4, die den größen Werkzeugverschleiß hervorrief, läßt noch etwa den 3- bis 5fachen Wert der Stundenschnittgeschwindigkeit gegenüber den Eisenwerkstoffen zu. Diese Relationen sollen später im Zusammenhang mit den Ergebnissen der Zerspanbarkeitsuntersuchung von GK – MgAl 9 Zn 1 noch einmal dargestellt werden. Die Werte für die anwendbare Stundengeschwindigkeit bei den Kokillengußproben zeigen deutlich eine Rangfolge der Zerspanbarkeit der einzelnen Legierungen, die den Einfluß des Siliziumgehaltes auf die Zerspanbarkeit erkennen läßt. Mit abnehmendem Si-Gehalt steigt die Stundenschnittgeschwindigkeit beträchtlich, und zwar von v_{60} = 700 m/min, bei der ~ 10% Silizium enthaltenden Legierung GK – AlSi 10 Mg a auf v_{60} = 900 m/min bei der Legierung GK – AlSi 6 Cu 4 mit ~ 6% Silizium und schließlich auf v_{60} = 1600 m/min bei der weniger als 1% Silizium enthaltenden Legierung GK – AlMg 5. Bei dieser letztgenannten Legierung ist die Angabe der Stundenschnittgeschwindigkeit auf eine Standzeit geringeren Verschleißes bezogen (B = 0,1 mm gegenüber B = 0,2 mm bei den übrigen Werkstoffen), so daß im Hinblick auf den Werkzeugverschleiß die Stundenschnittgeschwindigkeit noch größer ist. Der Einfluß harter Silizium-Ausscheidungen auf die Standzeit der Werkzeuge beim Zerspanen von Aluminium-Silizium-Legierungen wird unter anderem von LINDQVIST[2] behandelt.

Betrachtet man die Versuchsergebnisse bei den Sandgußproben der gleichen Legierungen, so fällt zunächst auf, daß die Stundenschnittgeschwindigkeiten hier bedeutend niedriger liegen. Die stärkste Standzeitverringerung von ~ 60% gegenüber dem Kokillenguß der gleichen Legierung ist bei der Legierung G – AlMg 5 zu beobachten. Die geringste Standzeiteinbuße zeigt die Legierung G – AlSi 10 Mg a mit ~ 30%. So ergibt sich im Gegensatz zu den Kokillengußlegierungen eine Rangfolge der Zerspanbarkeit, die nicht mit dem Si-Gehalt der Legierungen übereinstimmt. Eine Erklärung dafür ist vermutlich in Reaktionen der Schmelze mit den Formwänden bzw. in einer Verunreinigung der Schmelze durch eingeschwemmte Bestandteile des Formsandes zu suchen. Diese Vermutung wird durch die Ergebnisse von Zerspanungsversuchen, die ausschließlich an der Gußhaut der Sandgußproben durchgeführt wurden, bestätigt. Diese Probenzone verursachte bei den Legierungen G – AlSi 6 Cu 4 und G – AlMg 5 gegenüber dem Kernwerkstoff erhöhten Werkzeugverschleiß (Abb. 12). Bezeichnend ist, daß die gleichen Sandgußlegierungen, welche in der Gußhaut eine deutlich schlechtere Zerspanbarkeit hatten, auch bei der Bearbeitung der Kernzone wesentlich höheren Werkzeugverschleiß als die entsprechenden Kokillengußproben verursachten. Das deutet darauf hin, daß der Formwerkstoff nicht nur die Zerspanbarkeit der Gußhaut verschlechtert, sondern auch beim Bearbeiten der Kernzone erhöhten Werkzeugverschleiß hervorrufen kann.

Die Sandgußlegierung G – AlSi 10 Mg a rief bei der Bearbeitung der Gußhaut keinen wesentlich höheren Werkzeugverschleiß hervor, als im übrigen Probenquerschnitt. Der Formwerkstoff war hier offenbar nur unwesentlich an der Verschleißsteigerung beteiligt, die gegenüber den Kokillengußproben dieser Legierung auftrat. Zusätzlich scheint hier das unterschiedliche Werkstoffgefüge, welches in Abhängigkeit von den verschiedenen Abkühlbedingungen des Werk-

---

[2] LINDQVIST, H., Der Einfluß von Silizium in Aluminium auf die Lebensdauer von Schneidwerkzeugen. Aluminium, 29 (1953), H. 9, S. 375/77

stoffes in Kokillen und Sandformen entstand, den Werkzeugverschleiß zu beeinflussen, denn die metallographische Untersuchung der Zerspanungsproben (Abb. 1-3) hatte ergeben, daß die Sandgußproben ein gröberes Gefüge mit großkörnigen Ausscheidungen des Siliziums und intermetallischer Verbindung besaßen.

Erfahrungsgemäß steigt der Werkzeugverschleiß bei der Bearbeitung von Werkstoffen mit harten Einschlüssen um so stärker, je größer diese Einschlüsse vorliegen.

Noch geringer als bei den Aluminium-Gußlegierungen war der Werkzeugverschleiß beim Drehen der Magnesium-Gußlegierung GK – MgAl 9 Zn 1. Auch hier konnte wie bei den Kokillengußproben der Aluminium-Gußlegierungen kein Einfluß der verschiedenen Probezonen auf den Werkzeugverschleiß festgestellt werden. Ebenso war der Einfluß der Spanungsdicke im untersuchten Bereich von $h_1 = 0,175$ mm bis $h_1 = 0,346$ mm nicht nachweisbar. Die Ursache ist in den gegenüber den Aluminium-Gußlegierungen noch erheblich größeren Streuungen der Meßergebnisse zu suchen. Die Aufzeichnung der Standzeitwerte im Standzeitdiagramm ließ deshalb die Bestimmung einer für das Verschleißverhalten dieses Werkstoffes repräsentativen Standzeitgeraden nicht zu. Deshalb wurde zur Kennzeichnung der Zerspanbarkeit dieser Legierung eine mittlere Größe der Stundenschnittgeschwindigkeit mit $v_{60} = 1700$ m/min angegeben. Dabei ist als Standzeitkriterium eine Verschleißmarkenbreite von $B = 0,1$ mm angenommen worden.

Im folgenden sollen die Ergebnisse der Verschleißversuche an Leichtmetall-Gußlegierungen noch einmal an Hand der ermittelten Stundenschnittgeschwindigkeiten im Zusammenhang graphisch dargestellt werden. Im Säulendiagramm (Abb. 13) sind vergleichsweise noch die entsprechenden Zerspanbarkeitskennwerte für die Eisenwerkstoffe aufgeführt. Innerhalb der Aluminiumlegierungen erkennt man die bereits in Tab. 4 aufgeführten Zerspanbarkeitsunterschiede. Die Stundenschnittgeschwindigkeit für die Magnesiumlegierung liegt geringfügig über der am besten zerspanbaren Aluminiumlegierung GK – AlMg 5. Besonders augenfällig ist in dieser Darstellung der Unterschied zu den Eisenwerkstoffen. Der Stahl C 35 und Grauguß GG 26 lassen sich mit Stundenschnittgeschwindigkeiten zwischen 100 und 200 m/min bearbeiten. Demgegenüber gestatten die untersuchten Leichtmetall-Gußlegierungen Werte von 400 – 1700 m/min. Die anwendbaren Schnittgeschwindigkeiten betragen also bei den Leichtmetallen ein Vielfaches der bei den Eisenwerkstoffen möglichen Werte. Entsprechend verkürzen sich die Bearbeitungszeiten wesentlich, so daß fast immer eine erheblich kostengünstigere Bearbeitung der Leichtmetalle gewährleistet ist.

3.3 Die Schnittkräfte beim Drehen

Kennzeichnend für die Zerspanbarkeit eines Werkstoffes ist neben seiner Verschleißwirkung auf die Werkzeuge die zur Spanbildung erforderliche Zerspankraft P_z. Die Zerspankraft P_z wird üblicherweise in drei Komponenten zerlegt,

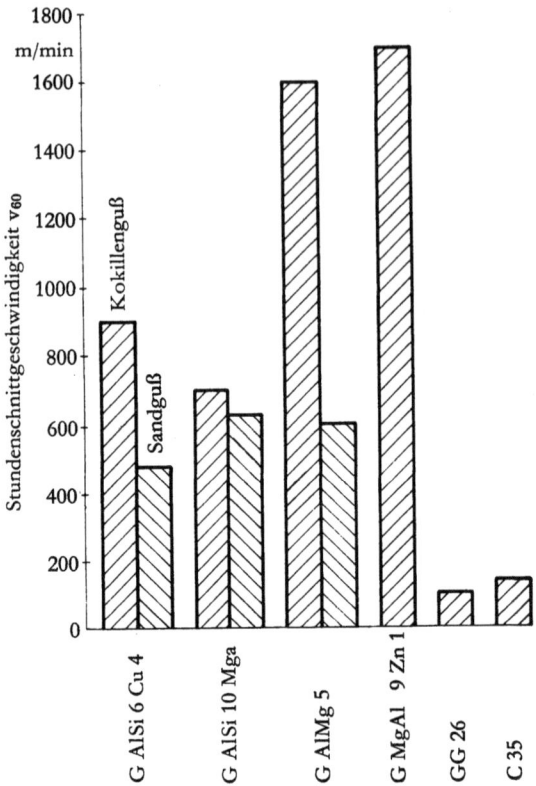

Abb. 13 Stundenschnittgeschwindigkeiten beim Drehen von Leichtmetall-Gußlegierungen von Eisenwerkstoffen

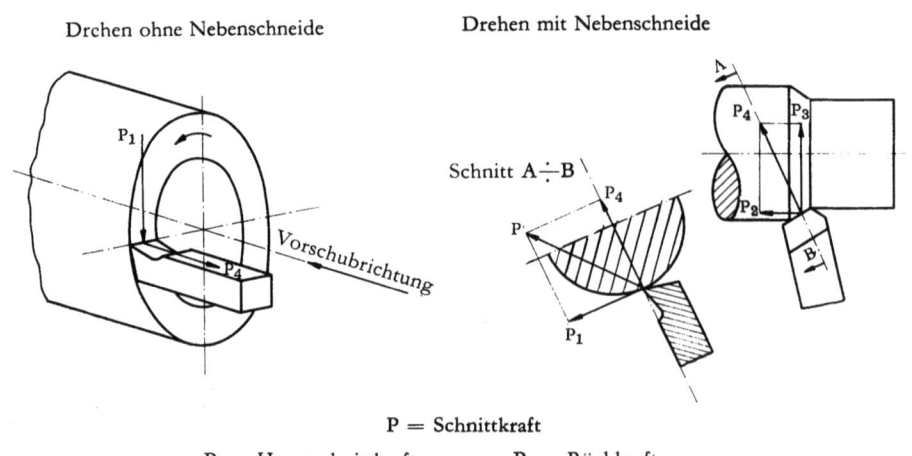

P = Schnittkraft

P_1 = Hauptschnittkraft P_3 = Rückkraft
P_2 = Vorschubkraft P_4 = Abdrängkraft

Abb. 14 Schnittkraftzerlegung beim Drehen

und zwar in die Hauptschnittkraft P_1 in Richtung der Schnittgeschwindigkeit, die Vorschubkraft P_2 in Richtung der Vorschubbewegung und die Rückkraft P_3 senkrecht zu diesen beiden Richtungen (Abb. 14). Zur Beurteilung der Belastung der Werkzeugschneide ist es sinnvoll, die Kräfte P_2 und P_3 durch die sogenannte Abdrängkraft P_4 zu ersetzen.

Die beim spanenden Bearbeiten auftretende Schnittkraft hängt im wesentlichen von den Festigkeits- und Verformungseigenschaften des Werkstoffes und den angewendeten Schnittbedingungen ab. Daneben ist die Reibung in den Kontaktstellen zwischen Werkstoff und Schneidstoff von Bedeutung.

Erfahrungsgemäß hat die Schnittgeschwindigkeit oberhalb des Bereiches der Aufbauschneidenbildung nur einen geringen Einfluß auf die Hauptschnittkraft.

Dagegen dominiert der Einfluß der Größen, welche den Spanungsquerschnitt bestimmen, nämlich die Spanungsdicke h_1 und die Spanungsbreite, die sich aus dem Werkzeugeinstellwinkel $\varkappa$, dem Vorschub s und der Schnittiefe a über die folgenden Beziehungen ergeben

$$h_1 = s \cdot \sin \varkappa$$

$$b = \frac{a}{\sin \varkappa}$$

Um den Einfluß der Abmessungen des Spanungsquerschnittes zu ermitteln, wurden die Schnittkräfte zunächst beim Drehen im Orthogonalschnitt gemessen. Der Orthogonalschnitt, das heißt, das Drehen ohne Nebenschneide mit einem Einstellwinkel $\varkappa = 90°$, gestattet es, alle Teilkomponenten auszuschalten, die von der Berührung der Nebenschneide mit dem Werkstück herrühren und die im Bereich der Eckenrundung entstehen. Die Meßergebnisse für die Hauptschnittkraft sind für die Legierung GK – AlSi 6 Cu 4 in Abb. 15 dargestellt. Betrachtet

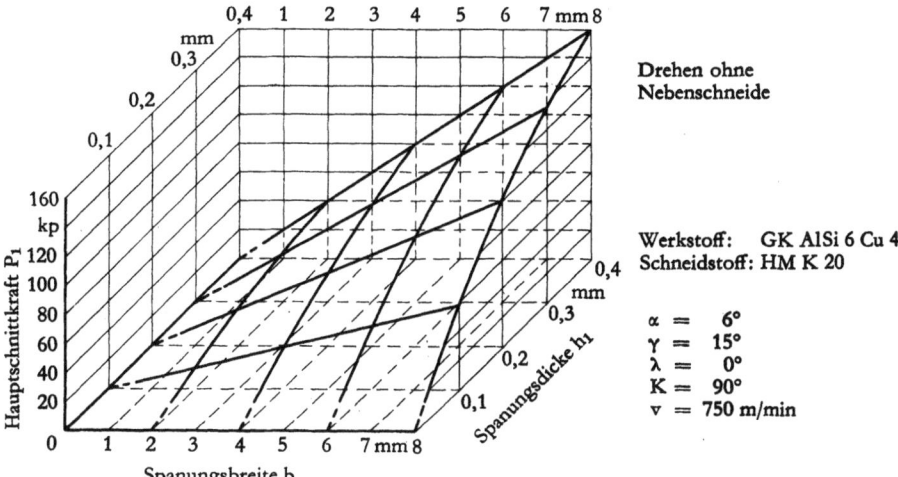

Abb. 15 Der Einfluß des Spanungsquerschnittes auf die Hauptschnittkraft

man zunächst die Abhängigkeit der Hauptschnittkraft von der Spanungsbreite b, so erkennt man, daß die Hauptschnittkraft bei konstanter Spanungsdicke h_1 linear mit der Spanungsbreite zunimmt, d. h. es gilt:

$$\frac{P_1}{b_{h_1 = const}} = const$$

In Abhängigkeit von der Spanungsdicke nimmt die Hauptschnittkraft nach einem degressiven Kurvenverlauf zu. Es liegt nahe, die Meßergebnisse zur Darstellung des Zusammenhanges

$$\frac{P_1}{b} = f_{(h_1)}$$

in doppeltlogarithmischen Koordinaten aufzutragen. Dies ist in Abb. 16 für alle untersuchten Leichtmetalle geschehen. Man erkennt, daß die Kurven $\frac{P_1}{b} = f_{(h_1)}$

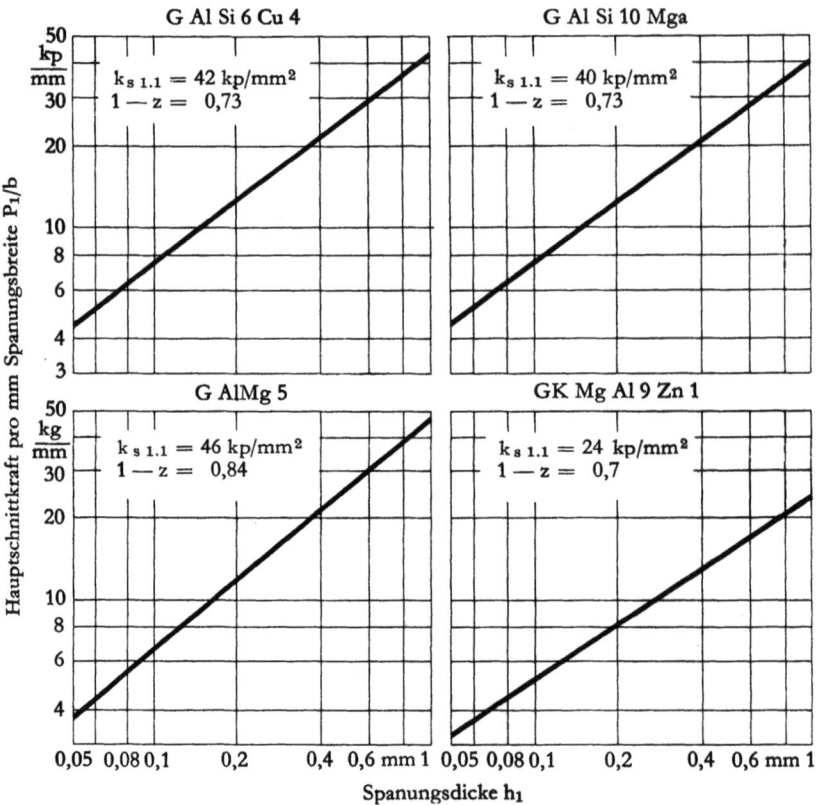

Abb. 16 Verlauf der Hauptschnittkraft und Bestimmung der spezifischen Schnittkraft beim Drehen von Leichtmetall-Gußlegierungen

in dieser Darstellung Geraden ergeben, so daß sich die von KIENZLE entwickelte
Formel für die Hauptschnittkraft

$$\frac{P_1}{b} = h_1^{1-z} \cdot k_{s1.1} \qquad (4)$$

anwenden läßt.

In dieser Gleichung bedeutet die Konstante $1-z$ den Anstieg der Geraden im doppeltlogarithmischen System und $k_{s1.1}$ die Größe der Hauptschnittkraft bei $h_1 = 1$ mm und $b = 1$ mm.

Der praktische Geltungsbereich der Gl. (4) wird durch folgende Voraussetzungen eingeschränkt:

1. Die Konstanten der Gleichung gelten nur für einen bestimmten Schnittgeschwindigkeitsbereich und für einen bestimmten Spanwinkel γ.
2. Das Verhältnis Spanungsbreite b zu Spanungsdicke h_1 soll nicht kleiner als etwa 5 sein $\left(\frac{b}{h_1} \geq 5\right)$.
3. Die Spanungsdicke soll über die gesamte Breite des Spanungsquerschnittes konstant bleiben.

Die in Gl. (4) enthaltenen Konstanten können aus den Diagrammen in Abb. 16 für jeden Werkstoff ermittelt werden.

Die aufgeführten Werte für $k_{s1.1}$ und $1-z$ gelten für die in der Bildunterschrift angegebenen Werte der Werkzeugwinkel bei einer Schnittgeschwindigkeit von $v = 300$ m/min. Höhere Schnittgeschwindigkeiten bewirken eine geringfügige Abnahme von $k_{s1.1}$, während der Exponent $1-z$ konstant bleibt.

Eine weitere Größe, die die Schnittkraft beeinflußt, ist der Spanwinkel der Werkzeuge. Deshalb soll im folgenden untersucht werden, welche Beziehung zwischen der Hauptschnittkraft und dem Spanwinkel besteht. Als Beispiel werden Ergebnisse von Schnittkraftmessungen der Legierung GK – AlSi 6 Cu 4 graphisch dargestellt. Die Abb. 17 zeigt, daß die Hauptschnittkraft je mm Spanungsbreite mit zunehmendem Spanwinkel linear abfällt. Dabei ist die relative Abnahme dieser Kraft für alle Spanungsdicken etwa gleich groß. Eine Untersuchung der zur Verfügung stehenden Werkstoffe zeigte, daß sich der Verlauf der Kurven $\frac{P_1}{b_{h_1=const}}$ $= f(\gamma)$ für jede Spanungsdicke h_1 mit guter Näherung durch folgende Beziehung beschreiben läßt:

$$\frac{P_1}{b_{\gamma_x}} = \frac{P_1}{b_{\gamma}} [1 - 0{,}01\,(\gamma_x - \gamma)] \qquad (5)$$

Ist also die Hauptschnittkraft $\frac{P_1}{b}$ für den Spanwinkel γ bekannt, so läßt sich im untersuchten Winkelbereich von $0-20°$ die durch den Spanwinkel verursachte Änderung der Hauptschnittkraft berechnen.

Für den Fall, daß die Spanungsdicke $h_1 = 1$ mm ist, ergibt sich aus Gl. (4)

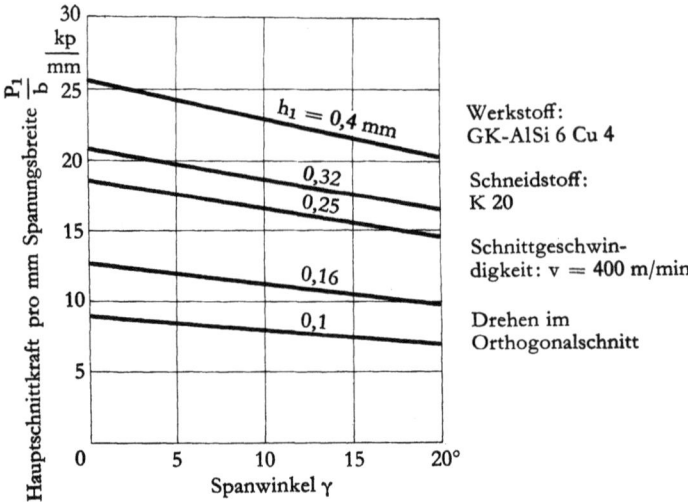

Abb. 17 Der Einfluß des Spanwinkels auf die Hauptschnittkraft

$$\frac{P_1}{b}\bigg|_{h_1 = 1\,mm} = k_{s\,1.1}$$

Unter dieser Voraussetzung gilt:

$$k_{s\,1.1_{\gamma_x}} = k_{s\,1.1_\gamma}\,[1 - 0{,}01\,(\gamma_x - \gamma)] \tag{5a}$$

Man kann also aus dem bekannten Wert der spezifischen Schnittkraft $k_{s\,1.1_\gamma}$ beim Spanwinkel γ in einfacher Weise die spezifische Schnittkraft $k_{s\,1.1_{\gamma_x}}$ für jeden beliebigen Spanwinkel γ_x errechnen.

Abschließend zeigt Abb. 18 die spezifischen Schnittkräfte der untersuchten Leichtmetall-Gußlegierungen in einem Säulendiagramm. Ebenfalls sind die entsprechenden Werte für die bereits in Abb. 13 zum Vergleich herangezogenen Eisenwerkstoffe aufgetragen. Die Leichtmetall-Gußlegierungen ergeben auch hier mit Werten der spezifischen Schnittkraft von 24 — 46 kp/mm² sehr günstige Werte gegenüber den Eisenwerkstoffen, deren spezifische Schnittkraft um mehr als das Dreifache höher liegt.

3.4 Die Spanbildung beim Drehen

Die Spanentstehung und der Spanablauf beeinflussen die Güte der bearbeiteten Werkstücke und darüber hinaus den Aufwand für die Bedienung der Maschine. Deshalb soll zunächst die Spanentstehung betrachtet werden. Im Anschluß daran werden die beim Drehen bei verschiedenen Schnittbedingungen auftretenden Spanformen untersucht.

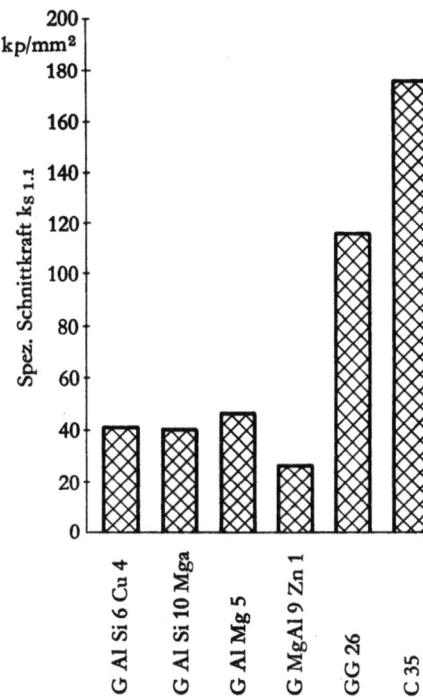

Abb. 18 Spezifische Schnittkräfte beim Drehen von Leichtmetall-Gußlegierungen und Eisenwerkstoffen

3.4.1 Untersuchungen an der Spanentstehungsstelle

Der Span wird durch den Schneidkeil des Werkzeuges abgetragen, wobei eine Werkstoffschicht der eingestellten Spanungsdicke h_1 in der Scherzone verformt wird und als Span der Dicke h_2 über die Spanfläche des Schneidkeiles läuft.

Die Spanentstehungsstelle ist direkten Beobachtungen und Messungen während des Spanflusses – abgesehen von Temperatur- und Schnittkraftmessungen – kaum zugänglich. Die Methoden der Zerspanungsforschung beschränken sich deshalb im allgemeinen auf die Untersuchung der Ergebnisse eines abgeschlossenen Zerspanungsvorganges, um daraus Rückschlüsse auf die Bedingungen während der Spanentstehung zu ziehen. Dazu stehen die Werkstückoberfläche, der Span und die Werkzeugschneide für Messungen zur Verfügung.

Eine Ausweitung der Untersuchungsmöglichkeiten bietet sich, wenn es gelingt, die Spanentstehungsstelle durch eine plötzliche Schnittunterbrechung sozusagen einzufrieren. Auf diese Weise wird die Spanwurzel, d. h. der Bereich, in dem die plastische Verformung des Spanmaterials erfolgt, der metallographischen Untersuchung zugänglich. Das eingangs im Zusammenhang mit der Aufbauschneidenbildung angeführte (Abb. 6) ist ein Anwendungsbeispiel für diese Untersuchungsmethode und gibt gleichzeitig die wesentlichen Merkmale der bei

Aluminium-Gußzerspanung entstehenden Späne wieder. Nach der von VIEREGGE[3] vorgenommenen Aufteilung der Späne in Spanarten handelt es sich um Fließspäne. Nun hängt die Form, welche die Fließspäne nach Verlassen der Schnittstelle annehmen, von dem Verformungswiderstand ab, welchen der Span den äußeren und inneren Kräften entgegensetzen kann. Die Spanfestigkeit von Leichtmetall-Gußlegierungen wird jedoch erheblich dadurch herabgesetzt, daß die Aluminide und Si-Ausscheidungen wegen ihrer Sprödigkeit während der Spanformung zerbrochen und zerkleinert werden, und im Span festigkeitsmindernde Gefügeunterbrechungen hervorrufen können. Eine solche Stelle mit einer Anhäufung spröder Si-Ausscheidungen verursachte den in Abb. 6 im Span erkennbaren Riß. Die feinkörnige Si-Ausscheidung der veredelten Legierung GK – AlSi 10 Mg a fördert die Spanbrüchigkeit allerdings nur in weit geringerem Maße, als dies bei der Legierung GK – AlSi 6 Cu 4 der Fall ist. Der Querschliff durch einen Span dieser Legierung, Abb. 19, zeigt deutlich wesentlich ausgeprägtere

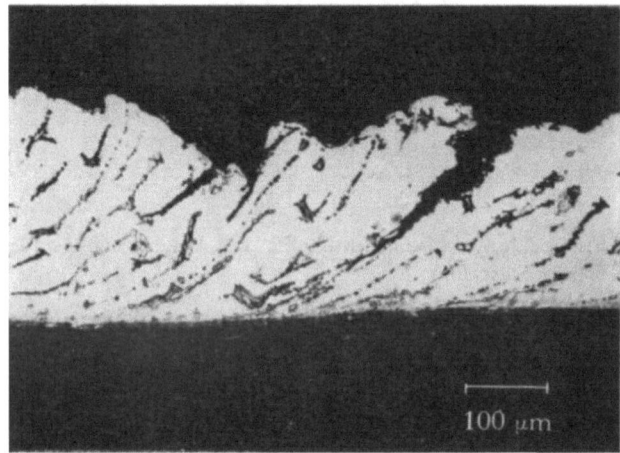

Abb. 19 Gefüge eines Drehspanes der Legierung GK – AlSi 6 Cu 4 (ungeätzt)

Gefügeunterbrechungen, welche als Folge der hier gröberen Ausscheidung spröder Gefügebestandteile entstanden sind.
Eine andere Ursache für die Brüchigkeit der Späne ist gemäß den Spanwurzeluntersuchungen (Abb. 7 und Abb. 20) bei der Magnesiumlegierung GK – MgAl 9 Zn 1 vorhanden.
Die Spanentstehungsstelle zeigt hier ein von den Aluminiumlegierungen grundsätzlich verschiedenes Aussehen. Der Span entsteht nicht kontinuierlich mit annähernd gleicher Dicke, sondern schert in einzelnen Lamellen ab, die nur bei hohen Schnittgeschwindigkeiten an der Spanunterseite durch schwache Werkstoffbrücken (Abb. 7a) miteinander verbunden sind.

[3] VIEREGGE, G., Zerspanung der Eisenwerkstoffe. Verlag Stahleisen mbH, Düsseldorf.

Diese Spanart wird Scherspan genannt, und besitzt auf Grund ihres lamellaren Aufbaues nur eine sehr geringe Festigkeit, die verhindert, daß längere Spanstücke entstehen können.

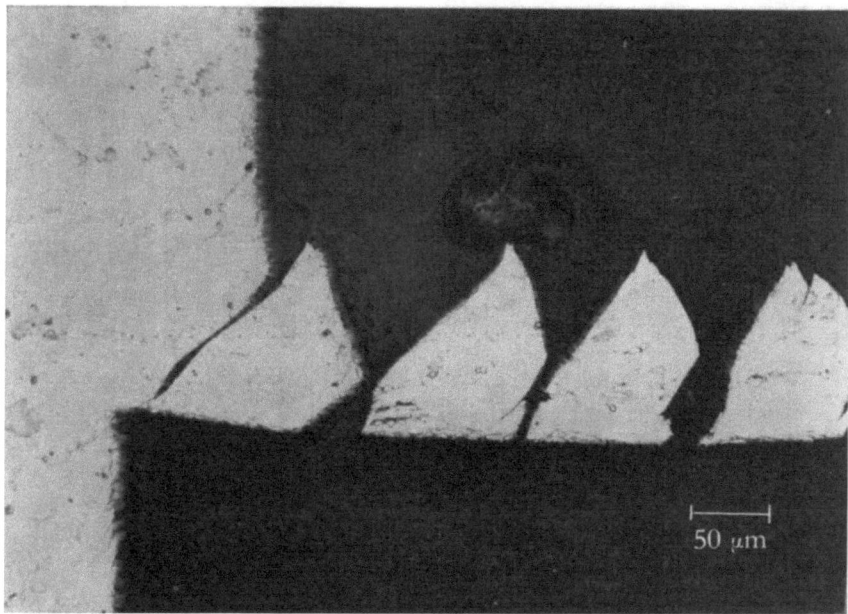

Abb. 20   Scherspanbildung beim Drehen von GK – MgAl 9 Zn 1

3.4.2 Ermittlung der entstehenden Spanformen

Beim Drehen der untersuchten Leichtmetall-Gußlegierungen entstanden in allen Fällen Spanformen, die als günstig zu bezeichnen sind. Wie die Abb. 21 und 22 zeigen, bilden sowohl die Fließspäne der Aluminium-Legierungen, als auch die Scherspäne der Magnesium-Legierung kurze Spanstücke, ohne daß eine Beeinflussung des Spanflusses durch Spanleitstufen erforderlich ist.
Ein Vergleich der bei den verschiedenen Aluminium-Werkstoffen erzielten Spanlängen (Abb. 21) läßt erkennen, daß bei der Legierung GK – AlSi 6 Cu 4 die kürzesten Spanstücke entstehen. Längere Späne ergaben sich in der aufgezählten Reihenfolge bei den Legierungen GK – AlSi 10 Mg a und GK – AlMg 5. Diese Rangfolge dürfte sich, wie bei der Untersuchung der Spanwurzeln bereits angedeutet wurde, aus dem Anteil und besonders der Größe der im Werkstoff vorhandenen spröden Bestandteile ergeben.
Die Scherspäne der Legierung GK – MgAl 9 Zn 1 bilden naturgemäß nur sehr kurze zusammenhängende Spanstücke (Abb. 22).
Die Schnittbedingungen beeinflussen die Spanformen bei den untersuchten Leichtmetallen in gleicher Weise. Die Aufnahmen zeigen Späne, die bei eingestell-

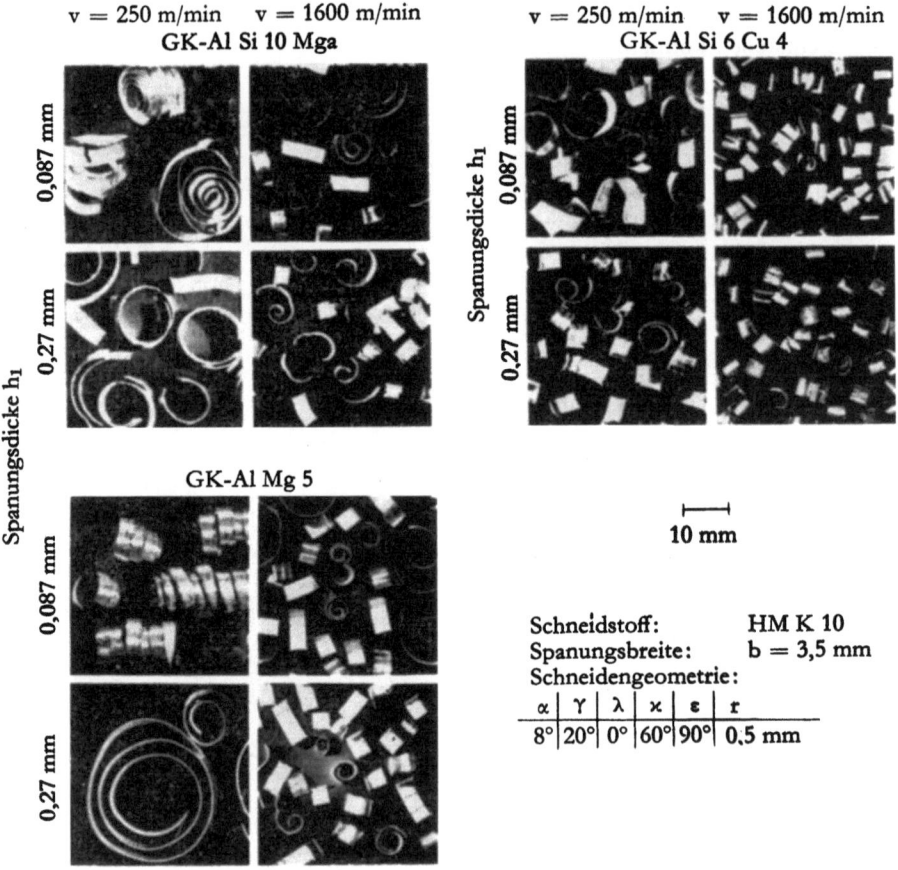

Abb. 21 Spanformen beim Drehen von Aluminium-Gußlegierungen

ten Spanungsdicken von $h_1 = 0{,}087$ mm und $h_1 = 0{,}27$ mm sowie bei Schnittgeschwindigkeiten von 250 m/min und 1600 m/min entstanden. Ohne zahlenmäßige Angaben über die Spankrümmung bzw. die Spanlänge zu machen, deren absolute Größe ohnehin auch innerhalb eines Werkstoffes schwanken dürfte, läßt sich doch die Tendenz erkennen, daß sowohl bei den Aluminium-Legierungen als auch bei der Magnesium-Legierung die kürzesten Spanstücke bei hoher Schnittgeschwindigkeit und großer Spanungsdicke entstehen. Eine Verringerung der Schnittgeschwindigkeit und der Spanungsdicke führt zur Entstehung längerer Spanstücke, die bei den Aluminium-Legierungen in Form von Spanwendeln bzw. -spiralen entstehen.

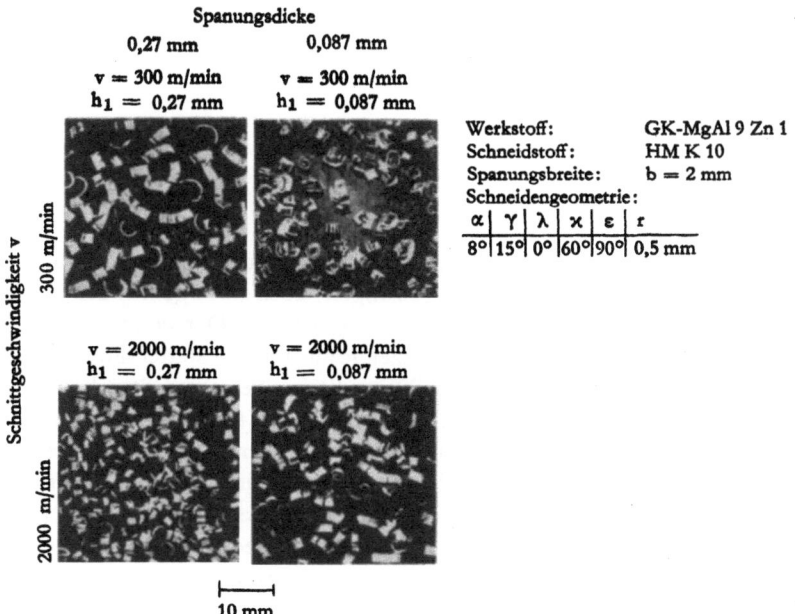

Abb. 22 Spanformen beim Drehen von GK – MgAl 9 Zn 1

4. Zusammenfassung und Ausblick

Die Untersuchungen zur Ermittlung von Bearbeitungsrichtlinien für einige häufig verwendete Leichtmetall-Gußlegierungen haben als Ergebnis den Nachweis sehr guter Zerspanbarkeit dieser Legierungen ergeben. Der geringe Verschleißangriff, den diese Werkstoffe auf die Werkzeuge ausüben, gestattet die Anwendung sehr hoher Schnittgeschwindigkeiten. Diese liegen bei einer Standzeit der angewendeten Hartmetallwerkzeuge von 60 min für die untersuchten Aluminium-Gußlegierungen zwischen 480 und 1600 m/min und betragen bei der untersuchten Magnesium-Gußlegierung 1700 m/min. Bei den Aluminium-Gußlegierungen bestimmte die verschleißsteigernde Wirkung des im Werkstoff enthaltenen Siliziums die Zerspanbarkeit. Außerdem konnte eine unterschiedliche Zerspanbarkeit der Sand- und Kokillengußproben gleicher Aluminium-Legierungen nachgewiesen werden: Neben dem unterschiedlichen Werkstoffgefüge, welches als Folge langsamer Abkühlgeschwindigkeiten bei den Sandgußproben entstand, wurde der Einfluß des Formstoffes deutlich. Dieser äußerte sich vor allem durch stärkeren Werkzeugverschleiß bei der Bearbeitung der Gußhaut der Sandgußproben.

Die Messung der zur Spanabnahme erforderlichen Schnittkraft ergab sehr niedrige Werte. Die auf die Einheit des Spanungsquerschnittes bezogene spezifische Schnittkraft $k_{s1.1}$ lag bei den Aluminium-Gußlegierungen zwischen 40 und 46 kp/mm^2 und betrug bei der Magnesium-Legierung 24 kp/mm^2. Zum Vergleich sei angeführt, daß dies nur etwa 40 bzw. 20% der bei Gußeisen erforderlichen spezifischen Schnittkraft sind.

Die Untersuchung der Spanformen zeigte, daß die Drehspäne bei allen Legierungen aus kurzen Spanstücken bestanden, welche bei der Magnesiumlegierung infolge Scherspanbildung entstanden. Die Fließspäne der Aluminium-Gußlegierungen brachen wegen ihrer durch spröde Gefügebestandteile verminderten Festigkeit ebenfalls zu relativ kurzen Spanstücken.

Im Hinblick auf das Bearbeitungsergebnis ist bei den Aluminium-Gußlegierungen die Entstehung von Aufbauschneiden und Scheinspänen zu beachten. Bei niedrigen Schnittgeschwindigkeiten bewirken die Aufbauschneiden, daß die Abtrennung des Spanes nicht mehr an der Schneide erfolgt, sondern vor einem auf der Spanfläche aufgebauten Werkstoffkeil. Dadurch werden Oberfläche und Maßhaltigkeit der Werkstücke verschlechtert. Ähnliche Auswirkungen hat das Auftreten des Scheinspanes, welcher bei hohen Schnittgeschwindigkeiten nach Überschreiten einer bestimmten Verschleißgröße entsteht. Beim Drehen der Magnesium-Gußlegierung war keine Aufbauschneide, sondern lediglich Scheinspanbildung unter ähnlichen Bedingungen wie bei den Aluminium-Legierungen festzustellen.

Wegen der Bedeutung, welche die Entstehung von Aufbauschneiden und Scheinspänen für die Bearbeitungsgüte hat, erscheint eine genauere Bestimmung der Bearbeitungsbedingungen notwendig, bei denen diese Schneidenansätze auftreten.

Die Untersuchung des Werkzeugverschleißes beim Drehen von Leichtmetall-Gußlegierungen hatte gezeigt, daß harte Gefügebestandteile und Fremdstoffeinschlüsse im Werkstück maßgebend für die Zerspanbarkeit der Gußproben waren. Daraus ergeben sich ebenfalls neue Aufgaben für zukünftige Zerspanungsversuche, eine Klärung der Zusammenhänge zwischen dem Gefügeaufbau hinsichtlich Größe und Verteilung der harten Gefügebestandteile und dem Werkzeugverschleiß, die dem Gießer die Möglichkeit bieten, Werkstücke mit der für die betreffende Legierung günstigsten Zerspanbarkeit herzustellen. Ebenso kann die genauere Kenntnis der Verschleißwirkung im Guß vorhandener Fremdstoffe Hinweise auf die erforderlichen Maßnahmen zur Herstellung von Gußstücken mit gleichmäßig guter Zerspanbarkeit geben.

Ein weiteres Ziel zukünftiger Untersuchungen sollte die Erforschung der Vorgänge in den Kontaktstellen zwischen Werkstoff und Schneidstoff sein. Diese Vorgänge bilden die eigentlichen Verschleißursachen. Kennt man diese, so ergeben sich die Möglichkeiten, durch Veränderung der Werkstoff- bzw. Schneidstoffeigenschaften einen günstigeren Ablauf der Verschleißreaktionen zu erzielen.

Prof. Dr.-Ing. Dr. h. c. HERWART OPITZ
Dr.-Ing. HANS GERT BECH

FORSCHUNGSBERICHTE
DES LANDES NORDRHEIN-WESTFALEN

Herausgegeben im Auftrage des Ministerpräsidenten Dr. Franz Meyers
von Staatssekretär Prof. Dr. h. c. Dr.-Ing. E. h. Leo Brandt

HÜTTENWESEN · WERKSTOFFKUNDE

HEFT 4
*Prof. Dr. med. Erich A. Müller und
Dipl.-Ing. H. Spitzer, Max-Planck-Institut für
Arbeitsphysiologie, Dortmund*
Untersuchungen über die Hitzebelastung in Hüttenbetrieben
1952. 20 Seiten, 5 Abb., 1 Tabelle. DM 9,—

HEFT 48
Max-Planck-Institut für Eisenforschung, Düsseldorf
Spektrochemische Analyse der Gefügebestandteile in Stählen nach ihrer Isolierung
1953. 31 Seiten, 12 Abb., 5 Tabellen. DM 7,80

HEFT 49
Max-Planck-Institut für Eisenforschung, Düsseldorf
Untersuchungen über Ablauf der Desoxydation und die Bildung von Einschlüssen in Stählen
1953. 45 Seiten, 19 Abb., 3 Tabellen. Vergriffen

HEFT 50
Max-Planck-Institut für Eisenforschung, Düsseldorf
Flammenspektralanalytische Untersuchung der Ferritzusammensetzung in Stählen
1953. 34 Seiten, 15 Abb., 4 Tabellen. DM 8,60

HEFT 74
Max-Planck-Institut für Eisenforschung, Düsseldorf
Versuche zur Klärung des Umwandlungsverhaltens eines sonderkarbidbildenden Chromstahls
1954. 48 Seiten, 10 Abb. DM 14,—

HEFT 75
Max-Planck-Institut für Eisenforschung, Düsseldorf
Zeit-Temperatur-Umwandlungs-Schaubilder als Grundlage der Wärmebehandlung der Stähle
1954. 34 Seiten, 13 Abb. DM 8,70

HEFT 89
Verein Deutscher Ingenieure, Gleitlagerforschung, Düsseldorf, und Prof. Dr.-Ing. G. Vogelpohl, Göttingen
Versuche mit Preßstoff-Lagern für Walzwerke
1954. 57 Seiten, 34 Abb. DM 14,10

HEFT 96
Dr.-Ing. Paul Koch, Dortmund
Austritt von Exoelektronen aus Metalloberflächen unter Berücksichtigung der Verwendung des Effektes für die Materialprüfung
1954. 21 Seiten, 13 Abb. DM 7,—

HEFT 105
Dr.-Ing. Robert Meldau, Harsewinkel/Westf.
Auswertung von Gekörn – Analysen des Musterstaubes »Flugasche Fortuna I«
1955. 28 Seiten, 14 Abb. DM 8,50

HEFT 132
Prof. Dr. phil. nat. W. Seith, Münster
Über Diffusionserscheinungen in festen Metallen
1955. 27 Seiten, 19 Abb., 4 Tabellen. DM 9,10

HEFT 143
*Prof. Dr. phil. Franz Wever, Dr. phil. Adolf Rose und
Dipl.-Ing. W. Straßburg, Max-Planck-Institut für
Eisenforschung, Düsseldorf*
Härtbarkeit und Umwandlungsverhalten der Stähle
1955. 33 Seiten, 12 Abb., 3 Tabellen. DM 10,70

HEFT 153
*Prof. Dr.phil. Franz Wever,
Dr.-Ing. Wilhelm Anton Fischer und
Dipl.-Ing. J. Engelbrecht, Düsseldorf*
I. Die Reduktion sauerstoffhaltiger Eisenschmelzen im Hochvakuum mit Wasserstoff und Kohlenstoff
II. Einfluß geringer Sauerstoffgehalte auf das Gefüge und Alterungsverhalten von Reineisen
1955. 42 Seiten, 15 Abb., 2 Tabellen. DM 12,40

HEFT 154
*Prof. Dr.-Ing. P. Bardenheuer und
Dr.-Ing. Wilhelm Anton Fischer, Düsseldorf*
Die Verschlackung von Titan aus Stahlschmelzen im sauren und basischen Hochfrequenzofen unter verschiedenen Schlacken
1955. 23 Seiten, 10 Abb., 1 Tabelle. DM 7,95

HEFT 162
Prof. Dr. phil. Franz Wever,
Prof. Dr. rer. techn. Albert Kochendörfer und
Dr.-Ing. Chr. Rohrbach, Max-Planck-Institut für
Eisenforschung, Düsseldorf
Kennzeichnung der Sprödbruchneigung von Stählen durch Messung der Fließspannung, Reißspannung und Brucheinschnürung an dreiachsig beanspruchten Proben
1955. 46 Seiten, 26 Abb. DM 13,—

HEFT 170
Prof. Dr. phil. Franz Wever, Dr. phil. Adolf Rose und
Dipl.-Ing. L. Rademacher, Max-Planck-Institut für
Eisenforschung, Düsseldorf
Anwendung der Umwandlungsschaubilder auf Fragen der Werkstoffauswahl beim Schweißen und Flammhärten
1955. 51 Seiten, 25 Abb. DM 13,70

HEFT 205
Dr. Carl Schaarwächter, Laboratorium für Rostschutz und Oberflächentechnik, Düsseldorf
Über plastische Kupfer-Eisen-Phosphor-Legierungen
1956. 25 Seiten, 10 Abb., 10 Tabellen. DM 8,30

HEFT 227
Prof. Dr. phil. Franz Wever und Dr. Wolfgang Wepner,
Max-Planck-Institut für Eisenforschung, Düsseldorf
Untersuchung der Alterungsneigung von weichen unlegierten Stählen durch Härteprüfung bei Temperaturen bis 300° C
1956. 24 Seiten, 20 Abb., 3 Tabllen. DM 7,95

HEFT 228
Prof. Dr. phil Franz Wever, Dr. phil. Walter Koch und Dr. rer. nat. Bernd Alexander Steinkopf, Max-Planck-Institut für Eisenforschung, Düsseldorf
Spektrochemische Grundlagen der Analyse von Gemischen aus Kohlenmonoxyd, Wasserstoff und Stickstoff
1956. 31 Seiten, 18 Abb., 1 Tabelle. DM 9,90

HEFT 229
Prof. Dr. phil. Franz Wever, Dr. phil Walter Koch und Dr.-Ing. Hanns Malissa, Max-Planck-Institut für Eisenforschung, Düsseldorf
Über die Anwendung disubstituierter Dithiocarbamate der analytischen Chemie
1955. 30 Seiten, 30 Abb., 5 Tabellen. DM 10,50

HEFT 230
Prof. Dr. phil. Franz Wever und
Dr. phil. Wolfgang Wepner, Max-Planck-Institut für Eisenforschung, Düsseldorf
Bestimmung kleiner Kohlenstoffgehalte im α-Eisen durch Dämpfungsmessung
1955. 19 Seiten, 5 Abb., 2 Tabellen. DM 7,70

HEFT 234
Dr.-Ing K. G. Speith und Dr.-Ing A. Bungeroth,
Duisburg
Versuche zur Steigerung des Kokillen-Schluckvermögens beim Stranggießen von Stahl
1956. 15 Seiten, 5 Abb. DM 6,15

HEFT 244
Prof. Dr. phil. Franz Wever, Dr. phil. Walter Koch und Dr. Siegfried Eckhard, Max-Planck-Institut für Eisenforschung, Düsseldorf
Erfahrungen mit der spektrochemischen Analyse von Gefügebestandteilen des Stahles
1956. 22 Seiten, 8 Abb., 2 Tabellen. DM 7,80

HEFT 263
Prof. Dr. phil. Heinrich Lange und
Dipl.-Phys. Rudolf Kohlhaas, Institut für theoretische Physik der Universität Köln
Über die Wärmeleitfähigkeit von Stählen bei hohen Temperaturen: Teil I: Literaturbericht
1956. 37 Seiten, 26 Abb., 8 Tabellen. DM 10,70

HEFT 268
Prof. Dr.-Ing. G. Vogelpohl, VDI, Max-Planck-Institut für Strömungsforschung, Göttingen
Über die Tragfähigkeit von Gleitlagern und ihre Berechnung
1956. 66 Seiten, 24 Abb., 7 Tabellen. DM 16,85

HEFT 283
Prof. Dr.-phil Franz Wever und
Dr.-Ing. Werner Lueg, Max-Planck-Institut für Eisenforschung, Düsseldorf
Warmstauchversuche zur Ermittlung der Formänderungsfestigkeit von Gesenkschmiede-Stählen
1956. 31 Seiten, 19 Abb. DM 9,90

HEFT 288
Dr. phil Kurt Brücker-Steinkuhl, Düsseldorf
Anwendung mathematisch-statischer Verfahren in der Industrie
1956. 103 Seiten, 28 Abb., 14 Tabellen. Vergriffen

HEFT 290
Dr. rer. nat. Dietrich Horstmann, Max-Planck-Institut für Eisenforschung, Düsseldorf
I. Der verstärkte Angriff des Zinks auf Eisen im Temperaturgebiet um 500° C
II. Einfluß eines Antimongehaltes auf den Angriff von Zinkschmelzen auf Eisen
1956. 36 Seiten, 33 Abb., 3 Tabellen. DM 11,90

HEFT 291
Dr.-Ing. Hans-Joachim Wiester und
Dr. rer. nat. Dietrich Horstmann, Max-Planck-Institut für Eisenforschung, Düsseldorf
Der Angriff eisengesättigter Zinkschmelzen auf silizium- und manganhaltiges Eisen
1956. 40 Seiten, 45 Abb., 8 Tabellen. DM 12,60

HEFT 311
Prof. Dr. phil. Franz Wever und
Dr. phil. Max Hempel, Düsseldorf
Dauerschwingfestigkeit von Stählen bei erhöhten Temperaturen
Teil I: Erkenntnisse aus bisherigen Dauerschwingversuchen in der Wärme
1956. 36 Seiten, 19 Abb., 2 Tabellen. DM 10,90

HEFT 312
Prof. Dr. phil. Franz Wever und
Dr. phil. nat. Max Hempel, Max-Planck-Institut für Eisenforschung, Düsseldorf
Dauerschwingfestigkeit von Stählen bei erhöhten Temperaturen
Teil II: Zug-Druck-Dauerschwingversuche an zwei warmfesten Stählen bei Temperaturen von 500 bis 650°C
1956. 36 Seiten, 20 Abb., 3 Tabellen. DM 13,—

HEFT 313
Prof. Dr. phil. Franz Wever, Dr. phil. Walter Koch und Dipl.-Phys. Helga Rohde, Max-Planck-Institut für Eisenforschung, Düsseldorf
Änderungen des Habitus und der Gitterkonstanten des Zementits in Chromstählen bei verschiedenen Wärmebehandlungen
1956. 76 Seiten, 29 Abb., 8 Tabellen. DM 20,90

HEFT 314
Prof. Dr. phil. Franz Wever,
Dr.-Ing. habil. Alfred Krisch und
Dr.-Ing. Hans-Joachim Wiester, Max-Planck-Institut für Eisenforschung, Düsseldorf
Veränderungen im Gefügeaufbau von Chrom-Nickel-Molybdän-Stählen bei langzeitiger Beanspruchung im Zeitstandversuch bei 500°
1956. 35 Seiten, 26 Abb., 5 Tabellen. DM 11,70

HEFT 315
Prof. Dr. phil. Franz Wever und
Dr.-Ing. habil. Alfred Krisch, Max-Planck-Institut für Eisenforschung, Düsseldorf
Metallkundliche Untersuchungen an Zeitstandproben
1956. 25 Seiten, 12 Abb. DM 9,15

HEFT 336
Dr. phil. Tung-ping Yao, Gießerei-Institut der Rhein.-Westf. Technischen Hochschule Aachen
Die Viskosität metallischer Schmelzen
1956. 53 Seiten, 28 Abb., 2 Tabellen. DM 14,40

HEFT 342
Prof. Dr.-Ing. Helmut Winterhager und
Dipl.-Ing. Wolfgang Barthel, Aachen
Die Gewinnung von Titan-Schlacken-Konzentraten aus eisenreichen Ilmeniten
1956. 47 Seiten, 30 Abb., 6 Tabellen. DM 13,30

HEFT 348
Prof. Dr.-Ing. Eugen Piwowarsky † und
Dr.-Ing. Ernst Günter Nickel, Gießerei-Institut der Rhein.-Westf. Technischen Hochschule Aachen
Metallurgie eines hochwertigen Gußeisens mit kompakter bis kugelförmiger Graphitausbildung
1956. 46 Seiten, 27 Abb., 5 Tabellen. DM 13,30

HEFT 349
Dr.-Ing. Wilhelm-Anton Fischer,
Dr.-Ing. Helmut Treppschuh und
Dr.-Ing. Karl Heinz Köthemann, Max-Planck-Institut für Eisenforschung, Düsseldorf
Tiegel aus Schmelzmagnesia für Vakuuminduktionsöfen
1957. 23 Seiten, 14 Abb. DM 8,40

HEFT 367
Dr. rer. nat. Dietrich Horstmann, Max-Planck-Institut für Eisenforschung, Düsseldorf
Der Angriff eisengesättigter Zinkschmelzen auf kohlenstoff-, schwefel- und phosphorhaltiges Eisen
1957. 42 Seiten, 22 Abb., 6 Tabellen. DM 12,85

HEFT 392
Prof. Dr. phil. Franz Wever,
Dr. phil. Walter Koch, Düsseldorf,
Dr.-Ing. Helmut Knüppel,
Dr. rer. nat. Bernd Alexander Steinkopf,
Dipl.-Ing. Karl Ernst Mayer und
Dipl.-Phys. Gert Wiethoff, Dortmund
Untersuchungen über den Konverterrauch im Hinblick auf die spektrale Überwachung des Thomasprozesses
1957. 36 Seiten, 14 Abb., 4 Tabellen. DM 12,10

HEFT 407
Prof. Dr.-Ing. Dr.-Ing. E. h. Hermann Schenk, Aachen und Dr.-Ing. Werner Wenzel, Bad Godesberg
Entwicklungsarbeiten auf dem Gebiete der Verhüttung von Erzstaub in Schmelzkammern
1957. 71 Seiten, 9 Abb., 18 Tabellen. DM 17,10

HEFT 408
Prof. Dr. phil. Franz Wever, Dr.-Ing. Werner Lueg und Dr.-Ing. Hans Günter Müller, Max-Planck-Institut für Eisenforschung, Düsseldorf
Kraft- und Arbeitsbedarf beim Warmscheren von Stahl in Abhängigkeit von Temperatur und Schnittgeschwindigkeit
1957. 33 Seiten, 15 Abb., 3 Tabellen. DM 11,35

HEFT 409
Prof. Dr. phil. Franz Wever,
Dr. phil. Walter Koch,
Dr. rer. nat. Christa Ilschner-Gensch und
Dipl.-Phys. Helga Rohde, Max-Planck-Institut für Eisenforschung, Düsseldorf
Das Auftreten eines kubischen Nitrids in aluminiumlegierten Stählen
1957. 26 Seiten, 12 Abb., 3 Tabellen. DM 10,10

HEFT 410
Prof. Dr. phil. Franz Wever,
Prof. Dr. rer. techn. Albert Kochendörfer,
Dr. phil. nat. Max Hempel und
Dipl.-Phys. Emil Hillenhagen, Max-Planck-Institut für Eisenforschung, Düsseldorf
Biegewechselversuche mit Flachproben aus Alpha-Eisen-Kristallen zur Bestimmung der Wechselfestigkeit und der Gleitspuren
1957. 100 Seiten, 58 Abb., 3 Tabellen. DM 30,—

HEFT 455
Dr.-Ing. Wilhelm Anton Fischer,
Dr.-Ing. Helmut Treppschuh und
Dipl.-Phys. Karl Heinz Köthemann, Max-Planck-Institut für Eisenforschung, Düsseldorf
Erschmelzung von Reinsteisen nach dem Kohlenstoffproduktionsverfahren und Kerbschlagzähigkeit-Temperatur-Kurven dieses Eisens
1957. 25 Seiten, 7 Abb., 6 Tabellen. DM 9,35

HEFT 456
Privatdozent Dr.-Ing. Karl Bungardt, Krefeld
Zeitstandversuche an austenitischen Stählen und Legierungen
1958. 23 Seiten und Anahng mit Abbildungen und Tafeln z. T. auf Falttafeln. DM 19,85

HEFT 457
Prof. Dr. phil. Franz Wever und
Dr. phil. Wolfgang Wepner, Max-Planck-Institut für Eisenforschung, Düsseldorf
Dämpfungsmessungen an schwach gereckten Eisen-Kohlenstoff-Legierungen
1957. 22 Seiten, 7 Abb., 3 Tabellen. DM 8,40

HEFT 458
Prof.-Ing. Dr.-Ing. E. h. Hermann Schenk und
Dr.-Ing. Eugen Schmidtmann, Aachen,
Dr.-Ing. Hans Kosmider, Dr.-Ing. Herbert Neuhaus und Dr.-Ing. Alfred Krüger, Haspe
Das Frischen von Thomas-Roheisen mit Sauerstoff-Wasserdampf-Gemischen und die Eigenschaften der damit erblasenen Stähle
1957. 50 Seiten, 56 Abb. DM 16,35

HEFT 459
Prof. Dr. phil. Franz Wever,
Dr. phil. Otto Krisement und Hanna Schädler, Max-Planck-Institut für Eisenforschung, Düsseldorf
Ein isothermes Mikrokalorimeter zur kinetischen Messung von Umwandlungs- und Ausscheidungsvorgängen in Legierungen
1957. 31 Seiten, 14 Abb. DM 10,75

HEFT 460
Prof. Dr. phil. Franz Wever und
Dr. rer. nat. Bernhard Ilschner, Max-Planck-Institut für Eisenforschung, Düsseldorf
Ein isothermes Lösungskalorimeter zur Bestimmung thermo-dynamischer Zustandsgrößen von Legierungen
1957. 31 Seiten, 7 Abb., 4 Tabellen. DM 10,40

HEFT 461
Prof. Dr.-Ing. habil. Eugen Piwowarsky †,
Prof. Dr.-Ing. Wilhelm Patterson und
Dipl.-Ing. Friedrich Wilhelm Iske, Gießerei-Institut der Rhein.-Westf. Technischen Hochschule Aachen
Verbesserung der Zähigkeitseigenschaften von Bessemer-Stahlguß
1957. 41 Seiten, 15 Abb., 16 Tabellen. DM 12,75

HEFT 492
Prof. Dr. phil. Josef Meixner und
Dr. rer. nat. Bruno Manz, Institut für theoretische Physik der Rhein.-Westf. Technischen Hochschule Aachen
Zur Theorie der irreversiblen Prozesse in α-Eisen
1958. 10 Seiten, 1 Abb. DM 5,70

HEFT 519
Prof. Dr. phil. Franz Wever,
Dr. phil. Walter Koch und
Dr. phil. Siegfried Eckhard, Max-Planck-Institut für Eisenforschung, Düsseldorf
Die spektrographische Bestimmung der Spurenelemente in Stahl ohne vorherige Abbrennung
1958. 36 Seiten, 22 Abb. DM 12,60

HEFT 542
Dr. phil. nat. Gerhard Zapf, Schwelm
Entwicklung eines Verfahrens zur Herstellung von Formteilen aus Sintermessing
1958. 43 Seiten, 23 Abb., 7 Tabellen. DM 15,15

HEFT 552
Dr.-Ing. Gerhard Leiber und
Dipl.-Ing. Dieter Schauwinhold, Duisburg-Hamborn
Versuche zur Erzeugung halbberuhigten Stahles
1958. 28 Seiten, 23 Abb., 6 Tabellen. DM 11,30

HEFT 562
Prof. Dr.-Ing. Dr.-Ing. E. h. Hermann Schenck,
Prof. Dr. phil. habil. Norbert G. Schmahl und
Dr.-Ing. Götz Funke, Institut für Eisenhüttenwesen der Rhein.-Westf. Technischen Hochschule Aachen
Die Reduzierbarkeit von Eisenerzen
1958. 101 Seiten, 89 Abb., 10 Tabellen. DM 29,25

HEFT 573
Prof. Dr. phil. Franz Wever,
Dr. rer. nat. Werner Jellinghaus und
Dr.-Ing. Toshimori Shuin, Max-Planck-Institut für Eisenforschung, Düsseldorf
Gemischt-keramische Sinterwerkstoffe aus Aluminiumoxyd und Eisen oder Eisenlegierungen
1958. 76 Seiten, 39 Abb., 17 Tabellen. DM 22,65

HEFT 586
Dr.-Ing. Wilhelm Anton Fischer und
Dr. rer. nat. Alfred Hoffmann, Max-Planck-Institut für Eisenforschung, Düsseldorf
Verhalten von Eisen- und Stahlschmelzen im Hochvakuum
1958. 41 Seiten, 10 Abb., 13 Tabellen. DM 14,50

HEFT 597
Prof. Dr. phil. Franz Wever,
Dr. phil. Wilhelm Wink und
Dr. rer. nat. Werner Jellinghaus, Max-Planck-Institut für Eisenforschung, Düsseldorf
Suszeptibilitätsmessungen an hochwarmfesten Legierungen auf Nickel-Chrom- und Kobalt-Nickel-Chrom-Grundlage
1958. 34 Seiten, 10 Abb., 5 Tabellen. DM 12,—

HEFT 599
Prof. Dr. phil. Walter Koch und
Dipl.-Phys. Dr. phil. Heinz Sundermann, Max-Planck-Institut für Eisenforschung, Düsseldorf
Elektrochemische Grundlagen der Isolierung von Gefügebestandteilen in metallischen Werkstoffen
1958. 50 Seiten, 26 Abb., 2 Tabellen. DM 17,60

HEFT 600
Prof. Dr. phil. Walter Koch, Dr. phil. Siegfried Eckhard und Dr. rer. nat. Friedrich Stricker, Max-Planck-Institut für Eisenforschung, Düsseldorf
Die lichtelektrische Spektralanalyse der Gase im Stahl
1958. 53 Seiten, 27 Abb., 9 Tabellen. DM 15,10

HEFT 620
Dr. rer. nat. Dietrich Horstmann, Max-Planck-Institut für Eisenforschung und Gemeinschaftsausschuß Verzinken, Düsseldorf
Der Einfluß von Aluminium im Eisen- und im Zinkbad auf den Zinkangriff
1958. 29 Seiten, 17 Abb., 3 Tabellen. DM 9,40

HEFT 628
Dipl.-Ing. Walter Panknin und
Dipl.-Ing. Wolfgang Möhrlin, Verein Deutscher Ingenieure ADB, Düsseldorf
Die Ermittlung der Fließkurven von Schraubenwerkstoffen *1958. 20 Seiten, 8 Abb. DM 6,40*

HEFT 630
Prof. Dr. phil. Walter Koch und
Dr. techn. Dipl.-Ing. Hanns Malissa, Max-Planck-Institut für Eisenforschung, Düsseldorf
Beiträge zur Spurenanalyse im Reineisen
1958. 25 Seiten, 8 Tabellen. DM 7,60

HEFT 644
Prof. Dr.-Ing. Franz Bollenrath, Institut für Werkstoffkunde an der Rhein.-Westf. Technischen Hochschule Aachen
Untersuchung einiger mechanischer Eigenschaften von Sinteraluminium S. A. P. und S. A. P.-Avional
1958. 24 Seiten, 26 Abb. DM 8,10

HEFT 697
Prof. Dr.-Ing. Theodor Gast,
Dr.-Ing. Karl-Max Frhr. v. Meysenburg und
Prof. Dr.-Ing. Otto Krischer, Technische Hochschule Darmstadt
Untersuchung über die Erwärmungsvorgänge bei der Verarbeitung härtbarer und thermoplastischer Kunststoffe
1959. 91 Seiten, 34 Abb., 4 Tabellen. DM 16,90

HEFT 706
Prof. Dr.-Ing. Dr.-Ing. E. h. Hermann Schenck und Dr.-Ing. Hans Esch, Institut für Eisenhüttenwesen der Rhein.-Westf. Technischen Hochschule Aachen
Zur Untersuchung der Hochofenvorgänge
1959. 32 Seiten, 23 Abb. DM 9,90

HEFT 737
Prof. Dr.-Ing. habil. Karl Krekeler,
Dr.-Ing. Heinz Peukert und Dipl.-Ing. Josef Eilers, Institut für Kunststoffverarbeitung an der Rhein.-Westf. Technischen Hochschule Aachen
Festigkeitsuntersuchungen an Rohren aus Thermoplasten
1959. 66 Seiten, 84 Abb. DM 19,40

HEFT 748
Prof. Dr. phil. nat. habil. Hans-Ernst Schwiete,
Dr.-Ing. Harald Knoblauch und
Dr. rer. nat. Günther Ziegler, Institut für Gesteinshüttenkunde der Rhein.-Westf. Technischen Hochschule Aachen
Die Hydratation der Verbindungen 3 CaO · SiO_2 und ß-2 CaO · SiO_2
1959. 56 Seiten, 22 Abb., 14 Tabellen. DM 15,70

HEFT 780
Prof. Dr. phil. Franz Wever,
Dr.-Ing. Werner Lueg und Dr.-Ing. Paul Funke, Max-Planck-Institut für Eisenforschung, Düsseldorf
Untersuchung von Walzöl und Walzölemulsionen im Kaltwalzversuch
1959. 68 Seiten, 28 Abb., mehr. Tabellen. DM 18,50

HEFT 788
Prof. Dr.-Ing. Herwart Opitz, Laboratorium für Werkzeugmaschinen und Betriebslehre an der Rhein.-Westf. Technischen Hochschule Aachen
Der Einsatz radioaktiver Isotope bei Zerspanungsuntersuchungen
1959. 35 Seiten, 23 Abb. DM 11,30

HEFT 797
Prof. Dr. phil. Heinrich Lange und
Dr. rer. nat. Rudolf Kohlhaas, Institut für theoretische Physik der Universität Köln
Über die wahre spezifische Wärme von Eisen, Nickel und Chrom bei hohen Temperaturen
Neue Verfahren zur Messung der wahren spezifischen Wärme von Metallen bei hohen Temperaturen
1960. 115 Seiten, 38 Abb., 24 Tabellen. DM 31,20

HEFT 798
Dr. rer. nat. Karl Wassmann, Mönchengladbach
Einfluß der Schutzgasatmosphäre auf die Eigenschaften von Sinterstahl
1959. 94 Seiten, 65 Abb., 19 Tabellen. DM 27,—

HEFT 799
Dipl.-Ing. Helmut Weiss, Frankfurt a. M.
Aufkohlung und Härtung von Sintereisen-Werkstoffen
1960. 61 Seiten, 56 Abb., 2 Tabellen. DM 18,80

HEFT 800
Dipl.-Ing. Otto Schindler, Lehrstuhl für Stahlbau, Technische Hochschule Hannover
Untersuchungen an geschweißten Hüttenkranen
Ein Beitrag zur Berechnung dünnwandiger Hohlkästen
    1959. 46 Seiten, 14 Abb., 2 Tabellen. DM 13,20

HEFT 801
Baurat Dipl.-Ing. Waldemar Gesell, Staatliche Ingenieurschule für Maschinenwesen, Duisburg
Ersatz von Quarzsand als Strahlmittel
    1960. 66 Seiten, 12 Abb., 4 Tabellen. 17 Diagramme.
    DM 18,90

HEFT 833
Prof. Dr.-Ing. Helmut Winterhager und
Dr.-Ing. Dan Hubert Hermes, Institut für Metallhüttenwesen und Elektrometallurgie der Rhein.-Westf. Technischen Hochschule Aachen
Anodennebenreaktionen bei der Silberraffinationselektrolyse
    1960. 55 Seiten, 21 Abb., 10 Tabellen. DM 15,60

HEFT 834
Prof. Dr.-Ing. Helmut Winterhager und
Dr.-Ing. Klaus Reiprich, Institut für Metallhüttenwesen und Elektrometallurgie der Rhein.-Westf. Technischen Hochschule Aachen
Studie über den Glänzabbau des Reinstaluminiums in Flußsäure enthaltenden chemischen Glänzbädern
    1960. 92 Seiten, 88 Abb., 7 Tabellen. DM 27,30

HEFT 840
Prof. Dr. phil. Franz Wever,
Dr.-Ing. Hans-Günter Müller und
Dr.-Ing. Paul Funke, Max-Planck-Institut für Eisenforschung, Düsseldorf
Versuchsmäßige und rechnerische Bestimmung von Walzkraft und Drehmoment unter Einwirkung von Bandzugspannungen beim Kaltwalzen von Bandstahl
    1960. 36 Seiten, 12 Abb., 3 Tafeln. DM 10,90

HEFT 841
Dr. rer. nat. Hubert Blanck, Max-Planck-Institut für Eisenforschung, Düsseldorf
Untersuchungen zur Kinetik des Martensitzerfalls
    1960. 33 Seiten, 11 Abb., 2 Tabellen. DM 10,30

HEFT 849
Direktor Ludwig Martin, Wuppertal-Elberfeld und Friedrich Steiner, Ratingen
Weiterentwicklung von Friktionswerkstoffen
    1960. 66 Seiten, 70 Abb., 3 Tabellen. DM 20,50

HEFT 939
Prof. Dr.-Ing. habil. Wilhelm Petersen und
Dipl.-Ing. Hans Mingenbach, Dozentur für Brikettierung der Rhein.-Westf. Technischen Hochschule Aachen
Untersuchungen über die Herstellung von Erzbriketts
    1961. 83 Seiten, 67 Abb., 2 Tabellen. DM 25,60

HEFT 957
Prof. Dr.-Ing. Dr.-Ing. E. h. Hermann Schenck,
Prof. Dr.-Ing. Eugen Schmidtmann und
Dr.-Ing. Helmut Brandis, Institut für Eisenhüttenwesen der Rhein.-Westf. Technischen Hochschule Aachen
Mechanische und physikalische Prüfverfahren zur Ermittlung der Vorgänge bei der Abschreck- und Verformungsalterung
    1961. 47 Seiten, 34 Abb. DM 14,90

HEFT 958
Prof. Dr.-Ing. Dr.-Ing. E. h. Hermann Schenck,
Prof. Dr.-Ing. Eugen Schmidtmann und
Dr.-Ing. Heinz Müller, Institut für Eisenhüttenwesen der Rhein.-Westf. Technischen Hochschule Aachen
Untersuchungen zur Isolierung von Einschlüssen und Korngrenzensubstanzen in Eisenwerkstoffen nach dem Dünnschliffverfahren. Innere Oxydation von Eisenlegierungen
    1961. 50 Seiten, 33 Abb., 2 Tabellen. DM 15,90

HEFT 961
Prof. Dr.-Ing. Wilhelm Patterson und
Dr.-Ing. Dietmar Boenisch, Gießerei-Institut der Rhein.-Westf. Technischen Hochschule Aachen
Eigenschaften und Eigenschaftsänderungen der Tonmineralien in Formsanden
    1961. 33 Seiten, 16 Abb. DM 10,90

HEFT 962
Prof. Dr.-Ing. Wilhelm Patterson und
Dr.-Ing. Philipp Schneider, Gießerei-Institut der Rhein.-Westf. Technischen Hochschule Aachen
Untersuchungen über die Oberflächenfeingestalt von Gußstücken
    1961. 69 Seiten, 52 Abb., 1 Bildtafel. DM 20,80

HEFT 963
Prof. Dr.-Ing. Wilhelm Patterson und
Dr.-Ing. Wilhelm Weskamp, Gießerei-Institut der Rhein.-Westf. Technischen Hochschule Aachen
Versuche zur Steigerung der Temperatur in der Schmelzzone des Kupolofens und zur Erzielung eines optimalen thermischen Wirkungsgrades durch Verwendung von HC-Koks in unterschiedlicher Stückgröße
    1961. 87 Seiten, 29 Abb., 30 Tabellen. DM 28,30

HEFT 964
Prof. Dr.-Ing. Wilhelm Patterson und
Dr.-Ing. Friedrich Iske, Gießerei-Institut der Rhein.-Westf. Technischen Hochschule Aachen
Zusammenhang zwischen den mechanischen Eigenschaften im Gußstück und im getrennt gegossenen Probestab
    1961. 82 Seiten, 53 Abb., 13 Tabellen. DM 23,80

HEFT 968
Prof. Dr.-Ing. habil. Anton Königer †, Institut für Gießereikunde der Technischen Universität Berlin
Zur Kenntnis der Passivierbarkeit und Korrosionsbeständigkeit technischer Eisensorten
    1961. 25 Seiten, 7 Abb., 8 Tabellen. DM 8,90

HEFT 969
Prof. Dr. phil. Erich Scheil, Düsseldorf
Über den Zustand von Metallschmelzen
1961. 37 Seiten, 23 Abb., 2 Tabellen. DM 11,90

HEFT 970
*Prof. Dr.-Ing. Anton Königer † und
Dipl.-Ing. Günther Kuhl, Institut für Gießereikunde der Technischen Universität Berlin*
Der Einfluß verschiedener Begleit- und Legierungselemente auf das Viskositätsverhalten von Gußeisenschmelzen
1961. 26 Seiten, 14 Abb., 6 Tabellen. DM 8,60

HEFT 1016
Dr. rer. nat. W. Jellinghaus, Max-Planck-Institut für Eisenforschung, Düsseldorf
Sinterwerkstoffe aus Nickel oder Nickelaluminid mit Aluminiumoxyd
1961. 33 Seiten, 22 Abb., 6 Tabellen. DM 13,50

HEFT 1057
*Prof. Dr.-Ing. Dr.-Ing. E. h. Hermann Schenck,
Dr.-Ing. Werner Wenzel und
Dr.-Ing. Hanns-Dieter Butzmann, Institut für Eisenhüttenwesen der Rhein.-Westf. Technischen Hochschule Aachen*
Die Reduktion von Eisenerzen im heterogenen Wirbelbett
1961. 87 Seiten, 32 Abb., 5 Tabellen. DM 28,20

HEFT 1067
*Prof. Dr.-Ing. Dr.-Ing. E. h. Hermann Schenck und
Dr.-Ing. Klaus-Dieter Unger, Institut für Eisenhüttenwesen der Rhein.-Westf. Technischen Hochschule Aachen*
Versuche zur Bestimmung von Verunreinigungen in Metallen; insbesondere von Oxyden und Oxydverbindungen in technischen Stählen
1962. 34 Seiten, 10 Abb., 3 Tabellen. DM 13,40

HEFT 1068
*Prof. Dr.-Ing. Dr.-Ing. E. h. Hermann Schenck,
Dr.-Ing. Werner Wenzel, Dr.-Ing. Günter Lindelar,
Prof. Dr.-Ing. Rudolf Spolders und
Dr.-Ing. Hilmar Weidenmüller, Institut für Eisenhüttenwesen der Rhein.-Westf. Technischen Hochschule Aachen*
Der Einfluß des Schwefels und der Kohlenoxydspaltung auf den Hochofenprozeß
1962. 222 Seiten, 99 Abb., 51 Tabellen. DM 49,50

HEFT 1083
*Prof. Dr.-Ing. Franz Bollenrath und
Ahmed Ali Salem El-Sabbagh, Institut für Werkstoffkunde der Rhein.-Westf. Technischen Hochschule Aachen*
Untersuchungen über die Warmfestigkeit von Hartlötverbindungen
1963. 80 Seiten, 88 Abb., 7 Tabellen. DM 59,40

HEFT 1092
*Prof. Dr.-Ing. habil. Anton Königer † und
Dr.-Ing. Manfred Odendahl, Institut für Gießereikunde der Technischen Universität Berlin*
Der Einfluß von Oxyden auf die Viskosität von reinen Eisen-Kohlenstoff-Silizium-Legierungen
1962. 23 Seiten, 9 Abb. DM 10,40

HEFT 1093
*Dr.-Ing. Wolf Dieter Röpke und
Dr.-Ing. Abbas Sabé, Institut für Gießereikunde der Technischen Universität Berlin*
Das Fließvermögen und die Warmrißneigung von Stahl mit besonderer Berücksichtigung des Einflusses von hohen Molybdängehalten
1962. 37 Seiten, 21 Abb., 4 Tabellen. DM 17,—

HEFT 1094
*Prof. Dr.-Ing. habil. Anton Königer † und
Prof. Dr. phil. Emanuel Pfeil, Institut für Gießereikunde der Technischen Universität Berlin*
Versuche zur Entwicklung von Korrosions-Prüfmethoden
1962. 23 Seiten, 7 Abb., 3 Tabellen. DM 10,80

HEFT 1113
Dr. rer. nat. Wolfgang Pitsch, Max-Planck-Institut für Eisenforschung, Düsseldorf
Die kristallographischen Eigenschaften der Nitridausscheidungen im α-Eisen
1962. 21 Seiten, 8 Abb., 3 Tabellen. DM 11,—

HEFT 1114
*Dipl.-Chem. Dr. phil. Siegfried Eckhard und
Dipl.-Phys. Walter Baum, Max-Planck-Institut für Eisenforschung, Düsseldorf*
Über ein physikalisches Verfahren zur Bestimmung des Wasserstoffs im ternären Gemisch mit Stickstoff und Kohlenmonoxyd
1962. 63 Seiten, 31 Abb. DM 39,80

HEFT 1122
*Prof. Dr.-Ing. Dr.-Ing. E. h. Hermann Schenck,
Dozent Dr.-Ing. Werner Wenzel und
Dr.-Ing. Günther Dietrich, Institut für Eisenhüttenwesen der Rhein.-Westf. Technischen Hochschule Aachen*
Reaktionskinetische Betrachtung des Sintervorganges und Möglichkeiten zur Leistungssteigerung. Entwicklung eines Schachtsinterverfahrens
1962. 93 Seiten, 24 Abb., 5 Tabellen. DM 44,50

HEFT 1158
Dr.-Ing. habil. Alfred Krisch, Max-Planck-Institut für Eisenforschung, Düsseldorf
Über die Extrapolation von Zeitstandversuchen
1963. 31 Seiten, 13 Abb., 2 Tabellen. DM 17,50

HEFT 1190
*Prof. Dr.-Ing. Max Vater und Dipl.-Ing. Otto Schulte,
Institut für Bildsame Formgebung der Rhein.-Westf. Technischen Hochschule Aachen*
Die Formänderungsfestigkeit von Metallen
In Vorbereitung

HEFT 1191
*Prof. Dr.-Ing. habil. Anton Königer †,
Dr.-Ing. Manfred Odendahl und Eberhard Pahl, Institut für Gießereikunde der Technischen Universität Berlin*
Über die Bildsamkeit von tongebundenen Formsanden
1963. 33 Seiten, 21 Abb., 4 Tabellen. DM 18,—

HEFT 1192
*Prof. Dr.-Ing. habil. Anton Königer † und
Dr.-Ing. Peter R. Sahm, Institut für Gießereikunde der
Technischen Universität Berlin*
Das Fließvermögen reiner und sauerstoffhaltiger
Kupferschmelzen
1963. 47 Seiten, 38 Abb. 3 Tabellen. DM 31,80

HEFT 1193
*Prof. Dr.-Ing. Helmut Winterhager und
Dr.-Ing. Reinhard K. Buchner, Institut für Metallhüttenwesen und Elektrometallurgie der Rhein.-Westf.
Technischen Hochschule Aachen*
Beitrag zum experimentellen Problem der Messung
schneller Elektrodenvorgänge
1963. 40 Seiten, 14 Abb. DM 17,—

HEFT 1194
*Dr. rer. nat. Werner Jellinghaus, Max-Planck-Institut
für Eisenforschung, Düsseldorf*
Beiträge zur Konstitution metallischer Stoffe durch
Suszeptibilitätsmessungen
1963. 25 Seiten, 8 Abb., 3 Tabellen. DM 14,—

HEFT 1253
*Dipl.-Ing. Alfred Puck, Dipl.-Ing. Horst Wurtinger,
Deutsches Kunststoffinstitut, Darmstadt*
Werkstoffgemäße Dimensionierungs-Größen für
den Entwurf von Bauteilen aus kunstharzgebundenen Glasfasern
Teil I und II
1963. 149 Seiten, 73 Abb., 8 Tabellen. DM 76,—

HEFT 1305
*Dr. phil. Hermann Möller und
Dipl.-Phys. Helmut Weeber, Max-Planck-Institut für
Eisenforschung, Düsseldorf*
Die Bildgüte bei der Durchstrahlung von Werkstoffen mit Röntgen- oder Gammastrahlen von
0,1 bis 31 MeV
1963. 69 Seiten, 40 Abb., 2 Tabellen. DM 32,90

HEFT 1344
*Prof. Dr.-Ing. Dr.-Ing. E. h. Hermann Schenck,
Dozent Dr.-Ing. Werner Wenzel,
Dr.-Ing. Hans D. Kluger, Institut für Eisenhüttenwesen der Rhein.-Westf. Technischen Hochschule Aachen*
Über das Reduktionsverhalten eisenoxydhaltiger
Schlacken
*1964. 91 Seiten, 60 Abb., 6 Tabellen im Anhang.
DM 44,—*

HEFT 1355
*Dr.-Ing. habil. Alfred Krisch, Max-Planck-Institut für
Eisenforschung, Düsseldorf*
Kriechverhalten, Gefügeänderung und Risse bei
mehrjährigen Zeitstandversuchen
1964. 27 Seiten, 17 Abb., 6 Tabellen. DM 14,80

HEFT 1379
*Dr. phil. nat. Max Hempel, Max-Planck-Institut für
Eisenforschung, Düsseldorf*
Dauerschwingfestigkeit bei 20 und 500° C von
Stählen mit niedrigem Kohlenstoffgehalt und verschiedenen Titan-Zusätzen
1964. 58 Seiten, 27 Abb., 12 Tabellen. DM 34,—

HEFT 1384
*Dr. rer. nat. Hans-Jürgen Engell, Dr. rer. nat. Anton
Bäumel und Dr. rer. nat. Konrad Bohnenkamp, Max-Planck-Institut für Eisenforschung, Düsseldorf*
Die Spannungsrißkorrosion von Weicheisen in
Kalzium-Nitratlösungen
1964. 46 Seiten, 27 Abb., 2 Tabellen. DM 25,50

HEFT 1385
*Prof. Dr.-Ing. Helmut Winterhager und Dr.-Ing. Roland
Kammel, Institut für Metallhüttenwesen und Elektrometallurgie der Rhein.-Westf. Technischen Hochschule
Aachen*
Über die elektrochemischen Grundlagen der Zinkchlorid-Schmelzflußelektrolyse
1964. 52 Seiten, 22 Abb., 24 Tabellen. DM 25,50

HEFT 1387
Dipl.-Chem. Wolfgang Werner, im Auftrage der Deutschen Industrie-Werke Aktiengesellschaft, Berlin-Spandau
Verbesserung der Eigenschaften von Sinterteilen
durch Nachbehandlung (Oberflächenveredelung,
Korrosionsschutz)
In Vorbereitung

HEFT 1391
*Dipl.-Phys. Dr. rer. nat. Ernst Wachtel und Dipl.-Phys.
Erich Übelacker, Max-Planck-Institut für Metallforschung, Stuttgart, im Auftrage des Vereins Deutscher
Gießereifachleute, Düsseldorf*
Messung der Dichte und der magnetischen Suszeptibilität von Zinn-Zink-Legierungen
1964. 42 Seiten, 23 Abb., 4 Tabellen. DM 23,50

HEFT 1398
*Prof. Dr.-Ing. Eberhard Schürmann und Dr.-Ing. Horst-Carsten Groth, Institut für Gießereiwesen der Bergakademie Clausthal, im Auftrage des Vereins Deutscher
Gießereifachleute, Düsseldorf*
Schmelzgleichgewichte im System Eisen-Schwefel-Kohlenstoff-Phosphor und Silizium bei 1400° C
1964. 31 Seiten, 6 Abb., 6 Tabellen. DM 15,50

HEFT 1403
*Dr. phil. nat. Gerhard Zapf, Dipl.-Ing. Ulrich Völker
und Ing. Rudolf Reinstadtler, im Auftrage der Forschungsgemeinschaft Pulvermetallurgie, Schwelm*
Entwicklung von Fertigungsmethoden zur Erzeugung hochfester Sinterteile, Teil I und II
In Vorbereitung

HEFT 1414
Prof. Dr. phil. Walter Koch, Dipl.-Phys. Helga Kolbe-Rohde und Dr. rer. nat. Jürgen Dittmann, Max-Planck-Institut für Eisenhüttenwesen der Rhein.-Westf. Technischen Hochschule Aachen
Untersuchungen zur Kinetik der Karbidbildung in Chromstählen
1964. 21 Seiten, 6 Abb., 4 Tabellen. DM 12,—

HEFT 1415
Prof. Dr.-Ing. Dr.-Ing. E. h. Hermann Schenck, Dozent Dr.-Ing. Werner Wenzel und Dr.-Ing. Trimbak Herwadkar, Institut für Eisenhüttenwesen der Rhein.-Westf. Technischen Hochschule Aachen
Stückigmachung von Feinerz auf dem Wanderrost in Gemischen mit Feinkohle
In Vorbereitung

HEFT 1416
Prof. Dr.-Ing. Dr. h. c. Herwart Opitz und Dipl.-Ing. H. H. Bech, Laboratorium für Werkzeugmaschinen und Betriebslehre der Rhein.-Westf. Technischen Hochschule Aachen, im Auftrage des Vereins Deutscher Gießereifachleute, Düsseldorf
Bearbeitung von Leichtmetallen

HEFT 1419
Prof. Dr. phil. Adolf Rose, Dr.-Ing. Hans Paul Hougardy und Dr.-Ing. Albert Klein, Max-Planck-Institut für Eisenforschung, Düsseldorf
Der Einfluß der Unterkühlung auf die Kristallisationsformen von voreutektoidisch ausgeschiedenen Phasen und von eutektoidischen Phasengemengen
In Vorbereitung

HEFT 1420
Prof. Dr. phil. Erich Scheil † und Dr. rer. nat. Hans Leo Lukas, im Auftrage des Vereins Deutscher Gießereifachleute, Düsseldorf
Messung des Dampfdruckes von magnesiumhaltigen Gußeisenschmelzen
1964. 19 Seiten, 8 Abb. DM 12,—

HEFT 1428
Prof. Dr.-Ing. Max Vater, Dipl.-Ing. Gerhard Nebe und Dipl.-Ing. Ansgar Schütze, Institut für Bildsame Formgebung der Rhein.-Westf. Technischen Hochschule Aachen
Mechanische Entzunderung von Blechen und Bändern
In Vorbereitung

HEFT 1447
Dr. phil. Wolfgang Wepner, Max Planck-Institut für Eisenforschung, Düsseldorf
Restwiderstandsmessungen an reinem Eisen
1964. 23 Seiten, 5 Abb., 2 Tabellen. DM 12,50

HEFT 1448
Dr. rer. nat. Ralf Damm und Dr. rer. nat. Ernst Wachtel, Max-Planck-Institut für Metallforschung, Stuttgart, im Auftrage des Vereins Deutscher Gießereifachleute, Düsseldorf
Magnetische Messungen und kinetische Versuche an flüssigen Wismut-Mangan-Legierungen
In Vorbereitung

HEFT 1474
Prof. Dr.-Ing. Max Vater, Dipl.-Ing. Gerhard Nebe und Dipl.-Ing. Ansgar Schütze, Institut für Bildsame Formgebung der Rhein.-Westf. Technischen Hochschule Aachen
Beitrag zur mechanischen Entzunderung von Draht
In Vorbereitung

HEFT 1482
Prof. Dr. Th. Heumann und R. Schürmann, Institut für Metallforschung der Universität Münster
Über die Beeinflussung der Passivierbarkeit aktiver Metalle durch Zulegieren von Chrom und Nickel
In Vorbereitung

HEFT 1487
Dr.-Ing. Werner Schwenzfeier und Dr.-Ing. Oskar Pawelski, Max-Planck-Institut für Eisenforschung, Düsseldorf
Glühversuche an Stahldrähten in verschiedenen Ofenatmosphären
In Vorbereitung

HEFT 1491
Prof. Dr.-Ing. Wilhelm Patterson, Prof. Dr.-Ing. Herwart Opitz und Dr.-Ing. Peter Copetti, Gießerei-Institut der Rhein.-Westf. Technischen Hochschule Aachen und Laboratorium für Werkzeugmaschinen und Betriebslehre der Rhein.-Westf. Technischen Hochschule Aachen
Zerspanbarkeit von Grauguß
In Vorbereitung

HEFT 1492
Dr. phil. nat. Max Hempel und Dr. rer. nat. Emil Hillnhagen, Max-Planck-Institut für Eisenforschung, Düsseldorf
Einfluß der Erschmelzungsart auf die Dauerschwingfestigkeit ungekerbter und gekerbter Proben eines Wälzlagerstahles
In Vorbereitung

HEFT 1495
Prof. Dr.-Ing. Wilhelm Patterson, Dr.-Ing. Helmut Brand und Dipl.-Ing. H. Traßl, Gießerei-Institut der Rhein.-Westf. Technischen Hochschule Aachen
Das Viskositätsverhalten flüssiger Bleilegierungen im Konzentrationsbereich der festen Löslichkeit
In Vorbereitung

HEFT 1496
Prof. Dr. phil. Karl Löbberg und Dipl.-Ing. Günther Kühl, Institut für Gießereikunde der Technischen Universität Berlin, im Auftrage des Vereins Deutscher Gießereifachleute, Düsseldorf
Einfluß von Magnesium und Cer auf die Viskosität behandelter Gußeisenschmelzen sowie Abbrand des Magnesiums und Änderung des Sauerstoffgehaltes in Abhängigkeit von der Abstehzeit
In Vorbereitung

HEFT 1502
Prof. Dr.-Ing. Wilhelm Patterson, Dr.-Ing. Walter Koppe und Dr.-Ing. Siegfried Engler, Gießerei-Institut der Rhein.-Westf. Technischen Hochschule Aachen
Untersuchungen zur Erstarrung und Speisung von Gußeisen
In Vorbereitung

HEFT 1503
Prof. Dr.-Ing. Max Vater Dipl.-Ing. Gerhard Nebe und Dipl.-Ing. Ansgar Schütze, Institut für Bildsame Formgebung, Aachen
Beitrag zur Prüfung metallischer Strahlmittel
In Vorbereitung

Verzeichnisse der Forschungsberichte aus folgenden Gebieten können beim Verlag angefordert werden: Acetylen/Schweißtechnik - Arbeitswissenschaft - Bau/Steine/Erden - Bergbau - Biologie - Chemie - Eisenverarbeitende Industrie - Elektrotechnik/Optik - Energiewirtschaft - Fahrzeugbau/Gasmotoren - Farbe/Papier/Photographie - Fertigung - Funktechnik/Astronomie - Gaswirtschaft - Holzbearbeitung - Hüttenwesen/Werkstoffkunde - Kunststoffe - Luftfahrt/Flugwissenschaften - Luftreinhaltung - Maschinenbau - Mathematik - Medizin/Pharmakologie/NE-Metalle - Physik - Rationalisierung - Schall/Ultraschall - Schiffahrt - Textiltechnik/Faserforschung/Wäschereiforschung - Turbinen - Verkehr - Wirtschaftswissenschaft.

WESTDEUTSCHER VERLAG · KÖLN UND OPLADEN
567 Opladen/Rhld., Ophovener Straße 1–3

If you have any concerns about our products,
you can contact us on
ProductSafety@springernature.com

In case Publisher is established outside the EU,
the EU authorized representative is:
**Springer Nature Customer Service Center GmbH
Europaplatz 3, 69115 Heidelberg, Germany**

Printed by Libri Plureos GmbH
in Hamburg, Germany